Mitarbeitergespräche

**Praxis der Personalpsychologie
Human Resource Management kompakt
Band 16**

Mitarbeitergespräche

Dr. Rüdiger Hossiep, Jennifer Esther Zens, Wolfram Berndt

Herausgeber der Reihe:

Prof. Dr. Heinz Schuler, Prof. Dr. Jörg Felfe,
Dr. Rüdiger Hossiep, Prof. Dr. Martin Kleinmann

Begründer der Reihe:

Prof. Dr. Heinz Schuler, Dr. Rüdiger Hossiep,
Prof. Dr. Martin Kleinmann, Prof. Dr. Werner Sarges

Rüdiger Hossiep
Jennifer Esther Zens
Wolfram Berndt

Mitarbeiter-gespräche

Motivierend, wirksam, nachhaltig

2., vollständig überarbeitete und erweiterte Auflage

Dr. Dipl.-Psych. Rüdiger Hossiep, geb. 1959. Studium der Psychologie, Wirtschafts- und Sozialwissenschaften an der Ruhr-Universität Bochum. 1994 Promotion. 1985–1990 Tätigkeit in der Wirtschaft bei der Unternehmensberatungsgesellschaft Schröder & Partner (Düsseldorf) und bei der Deutsche Bank AG (Frankfurt). Seit 1990 erneut an der Fakultät für Psychologie der RUB tätig, Leiter des „Projektteams Testentwicklung".

Dipl.-Psych. & Dipl.-Oec. Jennifer Esther Zens (geb. Bittner), geb. 1979. Studium der Psychologie und Wirtschaftswissenschaften an der Ruhr-Universität Bochum. 2006 Tätigkeit als selbstständige Beraterin. 2007–2009 Unternehmensberaterin bei McKinsey & Company, Inc. Seit 2010 als Führungskraft im E.ON Konzern in verschiedenen HR-Funktionen tätig, seit Ende 2017 Vice President Compliance Investigations im Bereich Corporate Audit bei der E.ON SE.

Dipl.-Psych. Wolfram Berndt, geb. 1960. Studium der Psychologie und Wirtschaftswissenschaften an der Ruhr-Universität Bochum und an der Bergischen Universität Wuppertal. Über 30 Jahre Erfahrung als Führungskraft im HR-Bereich eines global agierenden pharmazeutischen Unternehmens mit 50 000 Mitarbeitern, zuletzt als Global Head of Leadership Development & Learning. Seit 2019 als Business Coach tätig.

Wichtiger Hinweis: Der Verlag hat gemeinsam mit den Autoren bzw. den Herausgebern große Mühe darauf verwandt, dass alle in diesem Buch enthaltenen Informationen (Programme, Verfahren, Mengen, Dosierungen, Applikationen, Internetlinks etc.) entsprechend dem Wissensstand bei Fertigstellung des Werkes abgedruckt oder in digitaler Form wiedergegeben wurden. Trotz sorgfältiger Manuskriptherstellung und Korrektur des Satzes und der digitalen Produkte können Fehler nicht ganz ausgeschlossen werden. Autoren bzw. Herausgeber und Verlag übernehmen infolgedessen keine Verantwortung und keine daraus folgende oder sonstige Haftung, die auf irgendeine Art aus der Benutzung der in dem Werk enthaltenen Informationen oder Teilen davon entsteht. Geschützte Warennamen (Warenzeichen) werden nicht besonders kenntlich gemacht. Aus dem Fehlen eines solchen Hinweises kann also nicht geschlossen werden, dass es sich um einen freien Warennamen handelt.

Bibliografische Information der Deutschen Nationalbibliothek
Die Deutsche Nationalbibliothek verzeichnet diese Publikation in der Deutschen Nationalbibliografie; detaillierte bibliografische Daten sind im Internet über http://dnb.dnb.de abrufbar.

Das Werk einschließlich aller seiner Teile ist urheberrechtlich geschützt. Jede Verwertung außerhalb der engen Grenzen des Urheberrechtsgesetzes ist ohne Zustimmung des Verlags unzulässig und strafbar. Das gilt insbesondere für Vervielfältigungen, Übersetzungen, Mikroverfilmungen und die Einspeicherung und Verarbeitung in elektronischen Systemen.

Hogrefe Verlag GmbH & Co. KG
Merkelstraße 3
37085 Göttingen
Deutschland
Tel. +49 551 999 50 0
Fax +49 551 999 50 111
info@hogrefe.de
www.hogrefe.de

Umschlagabbildung: © pixelfit–iStock.com by Getty Images
Satz: Matthias Lenke, Weimar
Druck: mediaprint solutions GmbH, Paderborn
Printed in Germany
Auf säurefreiem Papier gedruckt

2., vollständig überarbeitete und erweiterte Auflage 2020
© 2008 und 2020 Hogrefe Verlag GmbH & Co. KG, Göttingen
(E-Book-ISBN [PDF] 978-3-8409-3002-7; E-Book-ISBN [EPUB] 978-3-8444-3002-8)
ISBN 978-3-8017-3002-4
http://doi.org/10.1026/03002-000

Inhaltsverzeichnis

1	**Einführung in die Thematik**	**1**
1.1	Begriffsklärungen	1
1.2	Definition	3
1.3	Abgrenzung zu ähnlichen Konzepten	5
1.4	Das Credo nachhaltiger Mitarbeitergespräche	6
1.5	Bedeutung für das Personalmanagement	12
1.6	Betrieblicher Nutzen	13
2	**Modelle**	**16**
2.1	Grundlagen der Kommunikation	16
2.1.1	Kommunikationsmodelle	17
2.1.2	Gesprächsstile	23
2.1.3	Schaffen eines positiven Gesprächsklimas	29
2.1.4	Im Gespräch motivieren	31
2.1.5	Bedeutung der Körpersprache	34
2.2	Feedback	35
3	**Analyse und Maßnahmenempfehlung**	**43**
3.1	Das Mitarbeitergespräch als Instrument oder als Philosophie des Umgangs miteinander	43
3.2	Einführung des Mitarbeitergesprächs	45
3.2.1	Rechtliche Rahmenbedingungen	45
3.2.2	Implementierungsvoraussetzungen	49
3.2.3	Hinweise zum Mitarbeitergespräch im interkulturellen Kontext	51
3.2.4	Prozess der Einführung und Verankerung	53
3.3	Wirkungsweise des Mitarbeitergesprächs	56
4	**Vorgehen und Probleme**	**66**
4.1	Ablauf und Durchführung	66
4.1.1	Terminvereinbarung und Gesprächsvorbereitung	66
4.1.2	Durchführung	69
4.1.3	Gesprächsnachbereitung	78
4.2	Evaluation	78
4.3	Häufige Gesprächsformen	82
4.3.1	Das Feedbackgespräch	83
4.3.2	Das Beurteilungsgespräch	85
4.3.3	Das Personalentwicklungsgespräch	87
4.3.4	Das Konfliktlösungsgespräch	88

4.3.5	Das Rückkehrgespräch	89
4.3.6	Das Austritts- oder Trennungsgespräch	93
4.3.7	Das Mitarbeitergespräch als Bestandteil von Auswahlverfahren	95
4.4	Varianten der Methode und Kombinationen	99
4.4.1	Zielvereinbarungen	99
4.4.2	360°-Feedback	100
4.4.3	Coachinggespräche	101
4.4.4	Performance Management	102
4.4.5	Das „agile" Mitarbeitergespräch	106
4.5	Probleme bei der Durchführung	108
4.5.1	Misslungene Kommunikation/Kommunikationsstörungen	109
4.5.2	Wahrnehmungs- und Beurteilungsfehler im Gespräch	111
4.5.3	Umgang mit Befürchtungen und Ängsten	112
4.5.4	Organisatorische Probleme	113
4.6	Trainingskonzepte zum Mitarbeitergespräch	114
5	**Fallbeispiele aus der Unternehmens- und Beratungspraxis**	**120**
5.1	Die Entwicklung des Mitarbeitergesprächs bei einem international tätigen Pharmaunternehmen	120
5.1.1	Die Ursprünge des systematischen Mitarbeitergesprächs	121
5.1.2	Refokussierung des Mitarbeitergesprächs: Ziele nicht aus den Augen verlieren	122
5.1.3	Verknüpfung von Zielen mit Elementen variabler Vergütung	123
5.1.4	Zu einer neuen Balance verschiedener Gesprächselemente	124
5.1.5	Das Mitarbeitergespräch im Kontext eines integrierten Talent-Management-Ansatzes	126
5.1.6	Bilanz zum Mitarbeitergespräch im Talent-Management-Prozess	128
5.1.7	Your Growth. Our Growth: Die neue Ära des Talent Managements	133
5.2	Beispieldialog: Mitarbeitergespräch zwischen Führungskraft und Mitarbeiter ohne Führungsverantwortung	134
5.3	Beispieldialog: Mitarbeitergespräch zwischen Führungskraft und Mitarbeiter mit Führungsverantwortung	142
6	**Literaturempfehlungen**	**151**
7	**Literatur**	**152**

| 8 | Anhang | 160 |

    Checklisten: Fragen zur Vorbereitung auf das Mitarbeitergespräch 160
    Checkliste: Vorgehen beim Kritikgespräch (Teil I) 166
    Checkliste: Vorgehen beim Kritikgespräch (Teil II) 167
    Checkliste: Vorgehen beim Abmahnungsgespräch 168

Sachregister **169**

Karten:
Ablauf des Mitarbeitergesprächs
Feedbackregeln
Anregungen für das Mitarbeitergespräch
10 Gebote guten Zuhörens

1 Einführung in die Thematik

1.1 Begriffsklärungen

Vom multifunktionalen Beurteilungssystem über das Mitarbeitergespräch hin zum Performance Management System und wieder zurück zum Mitarbeitergespräch? So könnte man die Entwicklung der letzten Jahrzehnte auf dem Feld von Führung, Mitarbeiterbeurteilung und Personalentwicklung etwas pointiert beschreiben.

Zu Beginn der 1970er Jahre erreichten die von den USA in den deutschsprachigen Raum einfließenden Bemühungen um systematische Instrumente zur Gesprächsführung und zur betrieblichen Mitarbeiterbeurteilung einen ersten Höhepunkt. Nahezu alle größeren Organisationen (ausdrücklich nicht nur Wirtschaftsunternehmen, sondern Zusammenschlüsse aller Art, also auch bspw. Non-Profit-Organisationen, Verwaltungen und Verbände) hatten ihre eigenen Systematiken entwickelt. Diese wurden als Instrumente zur Lösung vielfältiger Fragen der Personalführung gesehen, wie eine optimale Personaleinsatz- und Nachfolgeplanung, eine leistungsgerechte Entgeltfindung oder eine zielgerichtete Personalentwicklung. Auch mit gehörigem zeitlichen Abstand trifft die eingangs formulierte Beschreibung – abgesehen von der Wortwahl und der Verwendung der „Modebegriffe" – durchaus auf zahlreiche Aussagen zu aktuellen, umfassenden Konzepten des Performance Managements zu. Die Führung von Mitarbeitern wird als organisationales Kernthema seit Jahrzehnten analysiert, diskutiert sowie trainiert und auch aktuell ist die Forschung bemüht, umfassende Ansätze zu entwickeln.

Grundlegende Herausforderungen bleiben für jede Führungskräftekohorte die gleichen basalen Kernkompetenzen, die stets aufs Neue von Unternehmen und Mitarbeitern eingefordert werden. („It is like going to mass, you have to say it over and over", wie sich ein langjährig international tätiger Personalmanager einmal äußerte.)

Nicht zuletzt befördert durch das Inkrafttreten des Betriebsverfassungsgesetzes 1972, aus dem der Anspruch abgeleitet wird, dass jeder Mitarbeiter[1] über seine Leistungen und sein Verhalten Rückmeldung zu erhalten hat, wurde das idealtypische Modell „Mitarbeitergespräch" schnell zu einem in deutschen Unternehmen verbreiteten Ansatz. Seit Jahrzehnten sind hierbei zahlreiche Varianten der Implementierung des Mitarbeitergesprächs (MAG) erprobt worden: Von der Einführung als reines Tool zur Beurteilung und Entwicklung von Mitarbeitern unter neuem Etikett bis hin zum umfassenden Führungsmodell inklusive damit verknüpfter Führungs- und Unternehmensgrundsätze.

---

1 Aus Gründen einer besseren Lesbarkeit wird im nachfolgenden Text in der Regel die männliche Form verwendet. Es sind selbstverständlich stets in gleicher Weise Personen jedweden Geschlechts gemeint.

Fest steht: Das Mitarbeitergespräch als das Gespräch mit dem Mitarbeiter, bei dem *er* die Majorität der Redezeit innehat und mit dem Vorgesetzten in einem konstruktiven Dialog steht, bleibt eines der zentralen betrieblichen Instrumente und ist mit hohen Erwartungen behaftet (Kahlen, 2002; Prothmann, 2006). Das Mitarbeitergespräch gehört in der Gesamtschau zu den wichtigsten Personalführungs- und Motivationswerkzeugen aller großen Unternehmen bzw. Organisationen (vgl. Willmes, 2018). Insbesondere aus Effizienzgründen spielen Mitarbeitergespräche eine zunehmend prominentere Rolle. Sie dienen einerseits der Einschätzung und Beurteilung von Verhalten, Fertigkeiten/Fähigkeiten, Interessen, Motiven, Bestrebungen und Eigenschaften. Andererseits wird mit Mitarbeitergesprächen die Beeinflussung von Verhalten durch die dahinterliegenden Könnens- und Wollensfaktoren (skills and wills) verfolgt. Die Bedeutung des Instruments verdeutlichen auch 455.000 Fundstellen im Internet in deutscher Sprache und über 600 lieferbare deutschsprachige monografische Publikationen zu diesem Schlagwort (Quellen: Google, Amazon; Stand: Februar 2019). Kürzlich hat es das Mitarbeitergespräch sogar geschafft, ein Thema in der populären Ratgeberreihe („... für Dummies") zu werden (Zintl, 2019).

Allerdings ist einzuräumen, dass sich das Mitarbeitergespräch in den letzten Jahren von der Schwerpunktsetzung und Facettierung her verändert hat. Lag noch zum Zeitpunkt der Veröffentlichung von Neubergers auch heute noch lieferbarem Klassiker „Das Mitarbeitergespräch" (neueste Auflage 2015) Mitte der 1970er Jahre lediglich ein Fokus auf der Kommunikation von Sach- und Beziehungsinhalten im betrieblichen Gespräch, so schwenkte zu Beginn der 1980er Jahre der Blick nahezu vollständig zum Thema Kommunikation. Zielvereinbarung, Leistungsmessung und Beurteilung waren häufig nur noch Randthemen. Erst Ende der 1980er fand in zahlreichen Betrieben und Institutionen eine Refokussierung auf den Dreiklang Kommunikation, Zusammenarbeit und Zielarbeit (d.h. Zielvereinbarung, Beurteilung und Leistungsmessung) statt. Ab den späten 1990er Jahren gaben Ansätze wie die Balanced Scorecard, Kompetenzmodelle und Fragen des Performance Managements neue Anstöße, auch das Mitarbeitergespräch weiterzuentwickeln und neuen, manchmal auch zeitgeistgemäßen Anforderungen anzupassen. Mittlerweile wird etwa die online-gestützte Dokumentation dieser Verfahren häufig favorisiert.

Im vorliegenden Band der Reihe „Praxis der Personalpsychologie" werden Grundlagen und aktuelle Anwendungsbeispiele des Mitarbeitergesprächs vorgestellt. Die Analyse und Darstellung fokussiert hierbei besonders darauf, welche Faktoren, Kompetenzen und Fähigkeiten beim Vorgesetzten und Mitarbeiter entscheidend für ein glaubwürdiges, zielorientiertes und damit nachhaltiges Mitarbeitergespräch (als die „Königsdisziplin positiver Führung", wie Kienbaum es bereits 2003 in einer Kolumne im Handelsblatt bezeichnet hat) sind.

1.2 Definition

Bei der Sichtung klassischer Standardwerke zur Allgemeinen Psychologie (Wirtz, 2017), zur Managementlehre oder dem Personalmanagement (Berthel & Becker, 2017), zur Organisations- und Personalpsychologie (Schuler & Moser, 2019), zur Sozialpsychologie (Jonas, Stroebe & Hewstone, 2014) oder auch zum Thema Führung (Blessin & Wick, 2017) fällt auf, dass der Begriff „Mitarbeitergespräch" häufig nicht expliziert wird, einen vergleichsweise minimalen Raum in den Lehrbüchern einnimmt oder sogar als solcher in den Stichwortverzeichnissen gar nicht enthalten ist.

Demgegenüber findet sich in der sonstigen wissenschaftlichen und vor allem der eher populären Literatur eine vielseitige Verwendung des Begriffs. Von „dem Mitarbeitergespräch" zu sprechen, ist allerdings kaum möglich, da es sich nicht um eine eindeutig definierte, fest abgrenzbare Gesprächsform handelt. Das Mitarbeitergespräch hat viele Gesichter und wahrscheinlich noch mehr *Bezeichnungen*, unter denen es in wissenschaftlichen Publikationen, Lehrbüchern, Ratgebern oder in firmeninternen Veröffentlichungen adressiert wird (siehe dazu die Übersicht in Tabelle 1 auf Seite 4; vgl. auch Braig & Wille, 2012).

Wissenschaftsfokussierte Wirtschaftspsychologen haben eigene (Kurz-)Definitionen entwickelt; exemplarisch seien Fiege, Muck und Schuler (2014) genannt: „Unter dem Begriff Mitarbeitergespräch verstehen wir ... ein institutionalisiertes Gespräch zwischen Führungskraft und Mitarbeiter mit spezifischer Zielsetzung, das aufgrund eines formalen Anlasses fest terminiert wird, ein größeres Zeitbudget erfordert und von beiden Seiten ausreichend vorbereitet werden kann" (S. 767).

Auch wenn keine allgemeingültige und verbindliche Definition existiert, finden sich verschiedene Elemente als gemeinsame Basis stets wieder. Hierzu gehört vor allem die Abgrenzung des Mitarbeitergesprächs vom aktuellen Tagesgeschäft, der Hinweis auf Planung und Vorbereitung des Gesprächs, die Festlegung bestimmter Inhalte, wie etwa Zielvereinbarungen, Personalentwicklung und Beurteilung sowie Feedback (Winkler & Hofbauer, 2010). Das Mitarbeitergespräch leitet seine Bezeichnung von der Forderung ab, dass der Mitarbeiter in diesem Gespräch den überwiegenden Redeanteil haben sollte. Jedoch dürfte nach aller praktischen Erfahrung der Redeanteil des hierarchisch höheren Gesprächspartners im Durchschnitt bei etwa 70 % liegen, im Einzelfall sogar noch deutlich höher. Sarges (1995) führt aus, dass insbesondere Führungskräfte den Nutzen des Hörens für das Sprechen unterschätzen. Generell ist als Voraussetzung für eine sinnvolle Durchführung von Mitarbeitergesprächen eine funktionierende Gesprächskultur zu nennen.

Kapitel 1

Tabelle 1: Begriffsvielfalt rund um das Mitarbeitergespräch

• Abmahnungsgespräch	• Konfliktgespräch
• Anerkennungsgespräch	• Konfliktlösungsgespräch
• Antrittsgespräch	• Kontaktgespräch
• Aufklärungsgespräch	• Kontrollgespräch
• Aufwärtsbeurteilung	• Kritikgespräch
• Austrittsgespräch	• Kündigungsgespräch
• Belobigungsgespräch	• Laufbahngespräch
• Beratungsgespräch	• Lehrgespräch
• Beurteilungsgespräch	• Maßnahmengespräch
• Bewerbungsgespräch	• Mitarbeiterführungsgespräch
• Coachinggespräch	• Motivationsgespräch
• Commitment-Dialog	• Performance Dialogue
• Delegationsgespräch	• Personalentwicklungsgespräch
• Diagnosegespräch	• Planungsgespräch
• Disziplinargespräch	• Potenzialgespräch
• Einführungsgespräch	• Präventionsgespräch
• Entwicklungsgespräch	• Probezeitablaufgespräch
• Ermahnungsgespräch	• Problemlösungsgespräch
• Ernennungsgespräch	• Qualifizierungsgespräch
• Fachgespräch	• Quartalsgespräch
• Feedbackgespräch	• Reanimationsgespräch
• Fehlzeitengespräch	• Rückkehrgespräch
• Fördergespräch	• Sachgespräch
• Führungsdialog	• Schlechte-Nachricht-Gespräch
• Gehaltsgespräch	• Standortbestimmung
• Halbjahresgespräch	• Suchtgespräch
• Informationsgespräch	• Tadelgespräch
• Interview	• Tantiemegespräch
• Jahresabschlussgespräch	• Trennungsgespräch
• Jahresgespräch	• Unterweisungsgespräch
• Januargespräch	• Vorgesetztengespräch
• Klimagespräch	• Zielabgleichgespräch
• Kompetenzbasiertes Interview	• Zielerreichungsgespräch
• Kompetenzdialog	• Zielvereinbarungsgespräch

Der vorliegenden Publikation liegt folgende Definition vom Mitarbeitergespräch bzw. von Mitarbeitergesprächen zugrunde (vgl. Hossiep, Bittner & Berndt, 2008):

> Das *Mitarbeitergespräch* ist ein zentrales Führungsinstrument, das in Form eines Dialoges Führungskraft und Mitarbeiter auf einer Ebene zusammenbringt. Es umfasst alle institutionalisierten oder formalisierten Personalführungsgespräche, die der Vorgesetzte mit einem Mitarbeiter in Wahrnehmung seiner Führungsaufgabe gestaltet, wobei eine beiderseitige Vorbereitung auf das Gespräch zugrunde liegt. Grundpfeiler des Gesprächs sind unter der Führungsperspektive auch die Thematisierung der Zusammenarbeit und die

> Ermutigung zu Rückmeldungen über das Führungsverhalten. Die Inhalte von Mitarbeitergesprächen sind vielgestaltig und können abhängig vom Gesprächsanlass variieren. Bestandteile sind häufig eine umfassende Bilanzierung, die Verständigung über Ziele und die Besprechung der weiteren Entwicklung des Mitarbeiters.

Es existiert eine Reihe von Beweggründen für die Einführung von Mitarbeitergesprächen. Besonders häufig verfolgte *Ziele* im Zusammenhang mit dem Mitarbeitergespräch sind:

- Entwicklung einer tragfähigen, langfristig angelegten, vertrauensvollen Zusammenarbeit
- Definition und Vereinbarung von klaren Aufgaben, Zuständigkeiten und Verantwortlichkeiten
- Identifizierung von Verbesserungsmöglichkeiten und Beseitigung von Hindernissen für die volle Leistungsentfaltung
- Vereinbarung von individuellen Zielen und regelmäßige Überprüfung der Zielvereinbarungen und Zielerreichung
- Gegenseitiges Geben und Empfangen von Feedback
- Klärung von gegenseitigen Erwartungen
- Offenlegung nicht nur von gemeinsamem Verständnis, sondern auch von Auffassungsunterschieden
- Abgleich von Fähigkeiten und Einstellungen mit Aufgaben und Erwartungen
- Klärung individueller Entwicklungsperspektiven
- Vereinbarung von Trainings- und Entwicklungsmaßnahmen

1.3 Abgrenzung zu ähnlichen Konzepten

Ein Konzept, das häufig in einem Zuge mit dem Mitarbeitergespräch genannt wird, ist die *Leistungs- bzw. Mitarbeiterbeurteilung* (vgl. z. B. Schuler & Görlich, 2018). Das Mitarbeitergespräch, entstanden als Reaktion auf die Nachteile der klassischen Leistungsbeurteilung, ist gegenüber dieser folgendermaßen abzugrenzen: Während bei Mitarbeitergesprächen der Fokus auf Kommunikation, Motivation und Entwicklung der Mitarbeiter sowie dem Kontakt zwischen Mitarbeiter und Vorgesetztem liegt, sind Beurteilungssysteme eher auf die vergleichende Datengewinnung und die Kontrolle der Mitarbeiter ausgelegt (vgl. Breisig, 2005). In Tabelle 2 werden beide Systeme einander gegenübergestellt. Ein zentraler Unterschied liegt in der Gerichtetheit der Kommunikation. Bei Leistungsbeurteilungen (siehe Lohaus & Schuler, 2014) findet Kommunikation von oben nach unten statt, während beim Mitarbeitergespräch primär ein partnerschaftlicher Dialog angestrebt wird.

Tabelle 2: Abgrenzung zwischen Mitarbeitergespräch und Leistungsbeurteilung (vgl. Kiefer, 1996)

	Mitarbeitergespräch	Leistungsbeurteilung
Ausgangspunkt	Zielvereinbarung	Stellenbeschreibung bzw. Tätigkeitsbeschreibung
Mittelpunkt	Aufgabe	Person
Schwerpunkt	Personalführung	Personalplatzierung bzw. Personalauswahl
Standpunkt	Vorgesetzter ↔ Mitarbeiter	Vorgesetzter → Mitarbeiter

Bereits vor 25 Jahren benennt Knebel (1994) in diesem Kontext Hauptkritikpunkte an formalisierten Beurteilungssystemen. Sie seien häufig zu kompliziert und aufwendig in der Handhabung und immer wieder würde statt den tatsächlichen Leistungen und dem Verhalten eines Mitarbeiters bewusst oder unbewusst Sympathie als Beurteilungsgrundlage herangezogen. Zudem würde durch die starke Formalisierung vieler Beurteilungssysteme mit umfassenden Bögen, die auszufüllen sind, die Kommunikation zwischen Führungskraft und Mitarbeiter erschwert. Langfristig habe sich in der Praxis gezeigt, dass die Rolle der Ergebnisse von betrieblichen Beurteilungsprozessen im Rahmen von Besetzungsentscheidungen oder Personalentwicklungsmaßnahmen vergleichsweise marginal ist. Berührungspunkte des MAGs zu benachbarten Konzepten wie z. B. dem 360°-Feedback werden in Abschnitt 4.4 thematisiert.

1.4 Das Credo nachhaltiger Mitarbeitergespräche

Erfahrene Führungskräfte und Personalpraktiker wissen, dass sich *Führung* primär im Dialog zwischen Vorgesetztem und Mitarbeiter – also insbesondere im MAG – vermittelt. Ob dabei im Ergebnis eine Konstellation entsteht, in der der Mitarbeiter seiner Führungskraft „folgt", gibt Aufschluss über die Wirksamkeit von dessen Führungshandeln.

Bei den Überlegungen, ob förderliche oder hemmende Voraussetzungen für ein glaubwürdiges, zielorientiertes und nachhaltiges Mitarbeitergespräch gegeben sind, scheint ein Faktor entscheidend, der in der vorliegenden Literatur nur bedingt berücksichtigt wird. Er lässt sich mit folgender Frage eingrenzen: *Welche Einstellungen, Werte und Eigenschaften bringen die Gesprächspartner in das Gespräch ein?*

Abbildung 1: Im MAG zentral vermittelte Aspekte wirksamer Führung

Diese Elemente, deren Ausprägung durch die jeweilige Persönlichkeit bestimmt wird, sind entscheidend für die Führungsfähigkeit eines Vorgesetzten. Mitarbeiter nehmen die im Gespräch wirksam werdenden Einstellungen, Werte und Eigenschaften häufig auch unbewusst wahr. Abbildung 1 gibt einen Überblick über wesentliche Facetten der *Führungsfähigkeit*, die im MAG vermittelt werden und die Führungswirksamkeit eines Vorgesetzten bedingen, fördern und unterstützen.

Eine weitere – noch entscheidendere Frage lautet: *Wie gut lassen sich diese Faktoren entwickeln bzw. trainieren?* Was man sicherlich lernen kann, ist der Umgang mit Instrumenten wie z. B. einem Beurteilungssystem, aber auch Techniken der Gesprächsführung und das Wissen über Grundprozesse der Führung können erworben werden. Auf diese Weise ist der Wirkungsgrad des MAGs zu optimieren, sozusagen das „Feintuning" vorzunehmen. Was hingegen kaum einer Veränderung zugänglich ist, sind die meisten Einstellungen, Überzeugungen und persönlichen Festlegungen, die den Umgang mit Strategien und Instrumenten erst wirksam machen. Einige wünschenswerte grundsätzliche Einstellungen und Werthaltungen gegenüber anderen Zeitgenossen (innerhalb und außerhalb der Arbeitswelt) sind in Abbildung 2 skizziert. Einige davon lassen sich trainieren, andere nur indirekt oder gar nicht.

Abbildung 2: Eisberg-Modell trainierbarer und weniger trainierbarer Aspekte für das Mitarbeitergespräch

Gewarnt sei vor dem sog. „kommunikativen Sonntagsanzug", den manche Führungskräfte speziell zum Mitarbeitergespräch anlegen. Damit stellt sich die Grundfrage nach der *Authentizität und Berechenbarkeit* von Führungskräften überhaupt. Mitarbeiter lernen nach nur einem Durchgang des institutionalisierten Mitarbeitergesprächs, Diskrepanzen zwischen Verhaltens-Alltags- und Sonntagsanzug zu identifizieren. Ja, sie bemerken diese Unterschiede nicht nur, sondern stellen ihre Verhaltensweisen entsprechend darauf ein, sodass die „guten Absichten" des Vorgesetzten letztlich konterkariert werden.

Der konstruktive Dialog im Mitarbeitergespräch ist an eine Reihe von Voraussetzungen gebunden. *Vertrauen* haben und Vertrauen geben sind dabei zentrale Begriffe. Die angesprochenen Lücken zwischen Bekundungen im Gespräch und erlebtem Führungs- (oder Mitarbeiter-)verhalten gehen unverzüglich zulasten des Kredits an Vertrauen. Zweifel an Aufrichtigkeit, Berechenbarkeit oder Ehrlichkeit der Gesprächspartner wirken nachhaltiger negativ als etwas unglückliche Formulierungen vor dem Hintergrund mangelnder rhetorischer Fähigkeiten. Wobei hier betont sein soll, dass unter Berechenbarkeit nicht berechnendes Verhalten zu verstehen ist, sondern vielmehr dem Mitarbeiter die Möglichkeit eröffnet werden soll, sich auf seine Führungskraft adäquat einzustellen und nicht zum Spielball der Launen des Vorgesetzten zu werden.

Da dieser Themenkomplex von herausragender Bedeutung ist, sollen bereits im Folgenden einige plakative praxisnahe *Empfehlungen für Vorgesetzte* gegeben werden, die in Kapitel 2 weiter ausdifferenziert werden:

- Achten Sie auf Ihr *nonverbales Verhalten*, angefangen mit einer angemessenen Körperhaltung bis hin zum Blickkontakt und Ihrer Mimik. Kognitiv leichter zu steuerndes nonverbales Verhalten (z. B. zugewandte Sitzhaltung) kann vielleicht noch trainiert werden, anderes basales nonverbales Verhalten kann meist sehr schlecht „überspielt" werden (Beispiel: „Ja, ja!" als Antwort auf eine Anregung des Mitarbeiters zusammen mit einer wegwischenden Handbewegung wird von diesem wohl kaum als Aufmunterung oder Zustimmung erlebt). Schenken Sie also der Stimmigkeit zwischen verbalen und nonverbalen Signalen Aufmerksamkeit.
- Achten Sie als Vorgesetzter auf *rollenkompatibles Verhalten*: Verbrüderung mit dem Mitarbeiter, oberflächliche Äußerungen wie „Wir sitzen doch alle im gleichen Boot" werden nicht als Souveränität und als „gute Führung" aufgenommen, sondern lassen häufig kontraproduktive Bilder im Kopf des Mitarbeiters ablaufen („Das Problem ist nur, dass ich derjenige bin, der rudern muss!").
- *Nicht in die Trickkiste greifen!* Vermeiden Sie unter allen Umständen Manipulationen, wie z. B. Suggestivfragen oder falsche Versprechungen („Beim nächsten Mal sind Sie dabei."). Auf diese simplen Tricks fallen Mitarbeiter maximal einmal herein. Für einen kurzfristigen Vorteil in der aktuellen Gesprächssituation sollten Sie nie Glaubwürdigkeit und Vertrauen aufs Spiel setzen!
- Verzichten Sie auf eine übertrieben ausgefeilte Rhetorik: Mut zur Klarheit und *Einfachheit der Sprache*. Das gilt besonders, wenn Sie es mit weniger eloquenten Mitarbeitern zu tun haben. Hier kommt rhetorisches Geschick – auch wenn Ihnen gelungene Formulierungen noch so viel Freude bereiten – nur allzu häufig als Machtdemonstration und Versuch der Einschüchterung herüber. In letzter Konsequenz führt dies dazu, dass der Mitarbeiter aufgibt, zu widersprechen, da er einen Disput mit Ihnen ja ohnehin nicht „gewinnen" kann (das eigentliche Problem besteht dann häufig darin, dass diese „Faust in der Tasche" vom Vorgesetzten nicht als Fingerzeig wahrgenommen und richtig zugeordnet wird).
- Ein gelungener und nachhaltiger Führungsprozess auf Basis eines dialogischen Gesprächs verträgt sich keinesfalls mit *manipulativen Elementen*, die ohnehin über kurz oder lang aufgedeckt werden. Insgesamt ist es nicht tragfähig, das Mitarbeitergespräch als trojanisches Pferd bzw. Attrappe zu verwenden, um dem Mitarbeiter möglichst geschickt etwas „zu verkaufen" (Motto: „Sie müssen Ihre Mitarbeiter am besten so geschickt über den Tisch ziehen, dass diese die dabei entstehende Reibungsenergie als Nestwärme empfinden!"). Da kaum etwas demotivierender wirkt als eine entlarvte Manipulation, wird anschließend eine wirksame Führung so gut wie unmöglich.
- Haben Sie *Mut zur Aufrichtigkeit*, sprechen Sie auch unangenehme Botschaften aus. Es zeugt auch von Respekt gegenüber dem Mitarbeiter, ihn offen mit negativen Wahrheiten zu konfrontieren, anstatt darüber hinwegzugehen oder die Thematik weichzuspülen. Im Allgemeinen haben die Mitarbeiter ein recht siche-

res Gespür dafür, wo gravierende Probleme liegen. Haben Sie Zivilcourage (Wer so agiert, kann führen!), adressieren Sie persönliche Kritik deutlich, nennen Sie die Dinge beim Namen und erarbeiten Sie *gemeinsam* Lösungsvorschläge!

Folgende „goldene Regeln" sind vor dem Hintergrund paradoxer Interventionen einzuordnen und haben sozusagen Glossencharakter. Gleichwohl haben diese Regeln realitätsnahe Anklänge, sodass schon viel gewonnen ist, wenn zumindest hinreichend deutlich wird, was denn in Mitarbeitergesprächen zu unterlassen ist, z. B. das Führen des Mitarbeitergesprächs im Großraumbüro, weil wir ja allemal eine so lockere Kultur des Umgangs miteinander haben und Feedback für uns zum Alltag gehört und hier sowieso jeder von allen alles weiß.

> **12 goldene Regeln für Vorgesetzte:**
> **So lassen Sie jedes MAG garantiert scheitern (Vorsicht: Satire!)**
>
> 1. Schieben Sie den Gesprächstermin möglichst lange vor sich her und verlegen Sie den Termin anschließend mehrfach: „Signal: Ich habe doch wirklich Wichtigeres zu tun".
> 2. Wählen Sie möglichst slapstickhafte Einstiege à la: „Ich freue mich, dass Sie Zeit gefunden haben"; „Haben Sie gut hierher gefunden?"; „Lange nicht gesehen ...".
> 3. Nutzen Sie Ihre Inkompetenzkompensationskompetenz. Reden Sie möglichst viel, aber bleiben Sie hinreichend nebulös: „Wer nicht überzeugen kann, sollte wenigstens verwirren".
> 4. Beantworten Sie Fragen an den Mitarbeiter generell und unverzüglich selbst: „Der legt ja sowieso immer wieder dieselbe Platte auf".
> 5. Lassen Sie abwechselnd den Hierarchen heraushängen und verbrüdern Sie sich mit dem Mitarbeiter: „Motto: Zuckerbrot und Peitsche".
> 6. Lassen Sie es bei pauschalem Lob und allgemeiner Kritik bewenden: „Dann kann man Sie später auch nicht darauf festnageln".
> 7. Schaffen Sie eine hinreichend bedrohliche Atmosphäre und erzeugen Sie Zeitdruck: „Wenn der Mitarbeiter Angst bekommt, nickt er sowieso alles ab".
> 8. Fassen Sie die wesentlichen Teile der Ergebnisdokumentation bereits vor dem Gespräch ab: „Bei solchen Gesprächen kommt ja ohnehin nichts Neues raus".
> 9. Lassen Sie Fakten und erzielte Ergebnisse aus der Vergangenheit völlig außen vor: „Ist eh Schnee von gestern: Neues Spiel – neues Glück".
> 10. Reflektieren Sie nicht über förderliches Feedback; sagen Sie einfach immer, was Ihnen spontan in den Sinn kommt: „Aus der Hüfte schießen reicht fast immer".
> 11. Wozu sich über Personalentwicklung Gedanken machen, Sie haben selbst ja auch keine Zeit für Fortbildung: „Entweder man kann's oder man kann's nicht".
> 12. Karrierepläne: Wieso das denn; wer kann schon Ihren Job machen außer Ihnen selbst: „Nobody does it better ...".

Wie entsteht Vertrauen?

Vertrauensvolle Zusammenarbeit wird in zahlreichen Leitlinien für Führung und Zusammenarbeit in Organisationen als essenziell beschrieben und (ein)gefordert; sogar im deutschen Arbeitsrecht nimmt der Begriff „Vertrauen" eine prominente Rolle ein; sei es als Basis des Zusammenwirkens von Arbeitgeber- und Arbeitnehmervertretung (BetrVG, § 2(1)) oder bei einer festzustellenden „Störung" des Vertrauens (siehe auch Kündigungsschutzgesetz, KSchG).

Nach Mayer, Davis und Schoorman (1995) ist für das Entstehen von Vertrauen die sog. *Vertrauenswürdigkeit* einer Person entscheidend. Diese bestimmt, in welche „Vorleistung" ich gegenüber anderen gehe, die mich möglicherweise verletzlich oder angreifbar macht. Winkler (2012) fasst in ihrem Artikel mit dem Titel „Traust du mir – trau ich dir" grundlegende Erkenntnisse der psychologischen Vertrauensforschung zusammen. Die Forschung nennt drei Faktoren, die beeinflussen, ob ich mein Gegenüber, die Führungskraft oder den Mitarbeiter, für vertrauenswürdig halte:

- Die zugeschriebene *Kompetenz* des Gegenübers (Wie kompetent und handlungsfähig wird dieser erlebt? Tut er das, was nötig und richtig ist?)
- Das zugeschriebene *Wohlwollen* des Gegenübers (Wie wohlgesonnen und unterstützend erlebe ich diesen? Sind die Interessen des Gegenübers an mir uneigennützig?)
- Die zugeschriebene *Integrität* des Gegenübers (Wie fair, aufrichtig und konsistent verhält dieser sich? Sagt dieser die Wahrheit? Hält dieser Zusagen und Versprechen ein?)

Alle drei Faktoren beeinflussen also positiv die Bereitschaft, Vertrauen entgegenzubringen. Mit einem gestiegenen Vertrauen erhöht sich dann die Wahrscheinlichkeit, Risiken in der Beziehung (hier in der beruflichen Interaktion mit dem Gegenüber) einzugehen. Entscheidend ist aber in dem Modell auch, welche *Lernerfahrungen* eine Person gemacht hat: Welche Konsequenzen hatte es, ein Risiko einzugehen? So wird ein Mitarbeiter, der mit seinem bisherigen Vorgesetzten gemischte Erfahrungen bezüglich des Vertrauens gemacht hat, beim Vorgesetztenwechsel deutlich langsamer oder weniger Vertrauen zu einem neuen Vorgesetzten aufbauen. Und zwar unabhängig davon, ob der Vorgesetzte vom Mitarbeiter als wohlwollend, integer und auch als kompetent wahrgenommen wird. Weiterhin können natürlich selektive Wahrnehmung, grundsätzliches Misstrauen oder eine positive Grundhaltung und ein positives Menschenbild gegenüber anderen Personen den Aufbau der Vertrauensbereitschaft beeinflussen.

Insbesondere Führungskräfte können und sollten sich anhand des in Abbildung 3 dargestellten Modells vergegenwärtigen, wie sie durch ihre wahrgenommene Kompetenz, Integrität und Wohlwollen den Aufbau von Vertrauensbereitschaft ihrer Mitarbeiter, Kollegen und Vorgesetzten beeinflussen können (siehe auch Abschnitt 4.5.3).

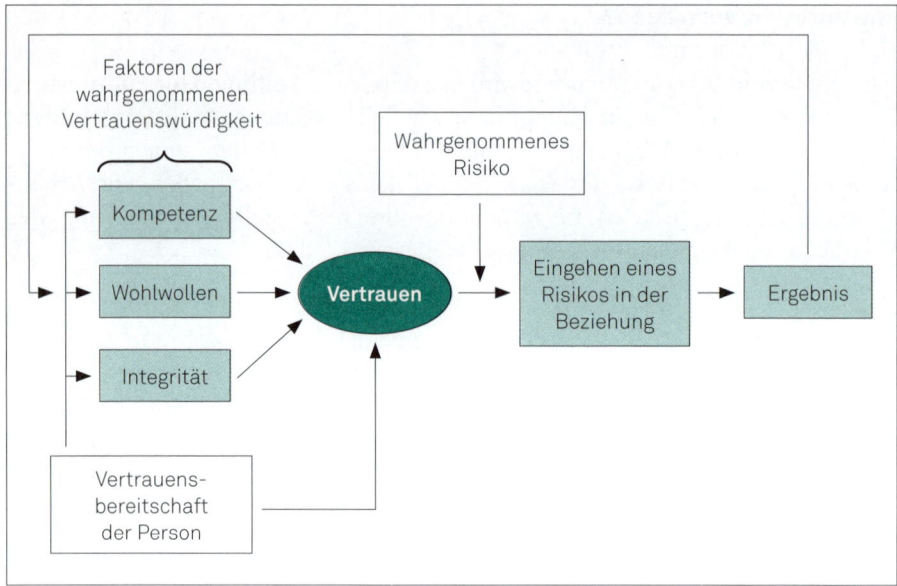

Abbildung 3: Modell zum dyadischen Vertrauen nach Mayer et al. (1995)

1.5 Bedeutung für das Personalmanagement

Dem Mitarbeitergespräch kommt eine *herausragende Bedeutung* für das Personalmanagement zu. Eine Reihe von Studien belegt die große Verbreitung des Mitarbeitergesprächs (vgl. Abschnitt 3.3 für einen Überblick zum Forschungsstand). Entscheidend dabei ist, dass es nicht als bloßes Tool eingesetzt wird. Beim Mitarbeitergespräch zählt wie in jedem Gespräch primär die Haltung der Gesprächspartner und nicht die möglichst perfekte Inszenierung.

Führungskräfte fragen nur zu gern, welches *Rezept* (in der Regel werden Begriffe wie Leitlinien, Fahrplan, roter Faden, etwas Greifbares etc. genannt) sie anwenden können, damit ein Mitarbeiter eine bestimmte Verhaltensweise abstellt oder ein anderes Verhalten zeigt – und werden hier von einer großen Zahl an vermeintlich griffigen Ratgebern plakativ bedient. Jedoch weiß jeder langjährig erfahrene Personalpraktiker, dass Führung zentral im Gespräch stattfindet und nicht durch die dosierte und geschickte Anwendung von Tools oder Tricks zum Tragen kommt. Somit kommt der Gesprächsführung und dem Mitarbeitergespräch eine Schlüsselfunktion für die Wahrnehmung der Führungsaufgabe eines jeden Vorgesetzten zu (vgl. auch Pinnow, 2012). In diesem Sinne versteht sich dieser Band auch nicht als Quelle von „Tipps und Tricks", sondern verfolgt den Anspruch, Erkenntnisse der Allgemeinen und der Personalpsychologie für das Mitarbeitergespräch aufzubereiten und so für den Unternehmensalltag anwendbar zu machen. Der „Trick" eines erfolgreichen Mitarbeitergesprächs besteht insofern gerade darin, dass man eben *keinen* Trick nutzt!

Zur Gesprächsführung allgemein stammen aus der Angewandten Psychologie vielfältige Belege für die Überlegenheit bestimmter Gesprächsführungsstile. Stichworte sind etwa klientenzentrierte Gesprächstherapie, Führungsstilforschung und Kommunikationsforschung (z. B. Watzlawick, Beavin & Jackson, 2017). Aussagekräftige Studien zum Mitarbeitergespräch existieren hingegen nur wenige; besonders da sich die Aufzeichnung und Auswertung der vertraulichen und konkreten Gesprächssituation in einer Organisation fast immer verbietet und durch die neue EU-weite DSGVO noch weiter erschwert wird. Daher finden sich in der Mehrheit lediglich Studien, in denen Vorgesetzte bzw. Mitarbeiter zu den MAG-Situationen befragt wurden (genauer siehe Abschnitt 3.3). Gleichwohl gehören Mitarbeitergespräche zu den wichtigsten Personalführungs- und Motivationsinstrumenten aller größeren Organisationen. Während der Nutzen längst erkannt ist, gibt es jedoch nach wie vor Schwierigkeiten bei der Umsetzung, da die Balance zwischen vordergründigen betriebswirtschaftlichen Aspekten und dem Zwischenmenschlichen immer wieder neu gefunden werden muss.

1.6 Betrieblicher Nutzen

Warum der Aufwand für ein Mitarbeitergespräch – wir reden doch eh ständig miteinander? Als Antwort auf diesen kritischen Einwand ist zunächst festzustellen, dass das MAG es ermöglicht, den „Planungs- und Steuerungsanspruch der Organisationen mit dem Aspekt aktiver, mitverantwortlicher Beteiligung des Mitarbeiters" effektiv zu verbinden (vgl. Kießling-Sonntag, 2000, S. 238). So ergibt sich also ein durchschlagendes Nutzenargument für das Mitarbeitergespräch: Es schafft in der Regel Klarheit; und sei es im ungünstigsten Falle Klarheit über Auffassungsunterschiede („We agree to disagree").

Fächert man den Begriff der *Klarheit* näher auf, so lassen sich folgende Facetten darstellen, die im Mitarbeitergespräch erreicht werden können:

> **Mitarbeitergespräche sollen Klarheit schaffen über:**
> - Aufgaben und Ziele des Mitarbeiters im Rahmen der Ziele der Organisation, der Erwartungen der „Kunden" und „Lieferanten"
> - erwartete Leistungen und Kriterien, um die Resultate des Mitarbeiters zu messen/zu beurteilen
> - den Beitrag des Mitarbeiters zu Oberzielen und Strategie des Unternehmens, beginnend mit der Passung zu den Zielen des Vorgesetzten und der Kollegen
> - die Qualität der Zusammenarbeit zwischen Vorgesetztem und Mitarbeiter, aber auch über die Rolle im Team der Kollegen

> - den Führungsstil des Vorgesetzten, inwiefern wird er als förderlich oder als hinderlich erlebt
> - die Definition von Handlungsspielräumen/Freiheitsgraden des Mitarbeiters und die damit verbundenen Verantwortlichkeiten
> - die Adäquatheit der Organisationsstrukturen, Arbeitsprozesse und Arbeitsmittel sowie des Umfeldes
> - Zielkaskadierungsprozesse und die damit verknüpften Verantwortlichkeiten auf allen Ebenen
> - die Entwicklungswünsche und -notwendigkeiten sowie Karrierevorstellungen des Mitarbeiters und seine Karrierechancen
> - Auffassungsunterschiede bezüglich der Zielsetzungen, der Zusammenarbeit oder der Entwicklungspfade

Der Nutzen des Mitarbeitergesprächs erstreckt sich über alle direkt oder indirekt beteiligten Gruppen und zielt nicht zuletzt darauf ab, die Organisationsziele mit den individuellen Arbeitszielen zu vernetzen. Die beteiligten Gruppen können neben dem Mitarbeiter und seinem Vorgesetzten auch Kollegen, Kunden, dem Mitarbeiter wiederum unterstellte Mitarbeiter, höhere Vorgesetzte wie auch die Organisation selbst sein. Tabelle 3 enthält einen Überblick über verschiedene Nutzenaspekte aus Sicht der Hauptnutzenträger. Die *Mitarbeiter* können ihre Selbstwahrnehmung mit der Außenwahrnehmung abgleichen und ggf. kann auf dieser Basis eine persönliche Weiterentwicklung und damit auch der Karrierefortschritt angestoßen werden. Für *Vorgesetzte* ist insbesondere eine erhöhte Transparenz maßgeblich. Auch für Kollegen, interne und externe Kunden birgt das Mitarbeitergespräch einen Nutzen, da nicht zuletzt hierdurch die Qualität der Zusammenarbeit optimiert werden kann.

Eine belastbare Gesprächskultur, die sich besonders im MAG manifestiert, rechnet sich auch betriebswirtschaftlich für das Unternehmen. Durch die Konzentration auf den Personalentwicklungsaspekt wird die Qualifikation der Mitarbeiter langfristig steigen („future proof employees", employability bzw. Beschäftigungsfähigkeit). Dadurch, dass die Mitarbeiter gehört werden und ihre Potenziale im Mittelpunkt des Gesprächs stehen, eröffnen sich Chancen zur Erhöhung der Mitarbeiterzufriedenheit. Somit eignet sich das Instrument auch zur Entwicklung von Führungs- und Spezialistennachwuchs. Zudem kann die Produktivität durch entsprechende Zielorientierung und Prozessoptimierung gesteigert werden. Folgende Kalkulation soll beispielhaft illustrieren, welche Effekte defizitäre Kommunikation generell haben kann: Wenn sich 400 Mitarbeiter je eine Stunde mit einem Gerücht befassen, betragen die Kosten 40.000 Euro, wenn man lediglich 100 Euro Personalkostenaufwand pro Stunde und Person zugrunde legt. – Dieser aus betriebswirtschaftlicher Sicht unproduktive Prozess spielt sich mutmaßlich tausendfach in deutschen Unternehmen ab, sodass es sich in mehrfacher Hinsicht lohnt, an dieser „Stellschraube" zu drehen.

Tabelle 3: Nutzenperspektiven des Mitarbeitergesprächs (in Weiterführung von Kratz, 2012; Winkler & Hofbauer, 2010)

Nutzen des Mitarbeitergesprächs für		
die Mitarbeiter	**die Führungskräfte**	**die Organisation**
• Rückmeldung über bisher erzielte Leistungen und Ergebnisse • Aussagen über Stärken und Schwächen • Klärung von Handlungs- und Verantwortungsspielräumen • Klärung von Förderungs- und Verbesserungsmaßnahmen • Realistische Einschätzung der persönlichen Entwicklungschancen • Überprüfung des eigenen Tätigkeitsbereichs • Vereinbarung verbindlicher Ziele mit dem Vorgesetzten • Aktive Mitgestaltung der zukünftigen Aufgaben und Ziele • Erhöhtes Commitment	• Intensive Beschäftigung mit den Zielen und Aufgaben des Mitarbeiters • Kennenlernen der Sichtweise des Mitarbeiters • Klarheit über Handlungs- und Verantwortungsspielräume • Vermeidung von Missverständnissen durch offene Kommunikation • Aufschluss über atmosphärische Aspekte und Lösung von Konflikten • Einblick in Pläne und Absichten des Mitarbeiters • Rückmeldung über die eigene Führungsarbeit • Erhöhte Akzeptanz als Führungskraft • Erhöhte Mitarbeiterbindung	• Steigerung der Arbeitsergebnisse und -qualität durch bessere Zusammenarbeit • Steigende Qualifikation der Mitarbeiter • Transparenz über Handlungs- und Verantwortungsspielräume • Steigende Mitarbeiterzufriedenheit bzw. deren Sicherung • Grundlage für effektive Personalpolitik im Unternehmen (u.a. Nachfolgeplanung) • Weiterentwicklung der Führungskultur • Erschließung von Innovationspotenzialen • Aufdeckung organisatorischer und personeller Defizite • Geringere ungewollte Fluktuation

2 Modelle

Mitarbeitergespräche werden häufig auf Basis organisationsintern erstellter Konzepte ein- und durchgeführt, die meist ohne erkennbaren Bezug zu empirischen Erkenntnissen entwickelt wurden. Während in der Tat bislang weder eine verbindliche Theorie noch ein allgemein akzeptiertes Modell zum Mitarbeitergespräch existiert, gibt es doch empirisch belegbare Zusammenhänge in benachbarten Forschungsgebieten, die bei der Konzeption beachtet werden sollten. Hierbei ist vor allem das Thema *Kommunikation* zu nennen, das als grundlegende Basis einen deutlichen Teil des Mitarbeitergesprächs bestimmt. Im Folgenden werden einige für das Mitarbeitergespräch relevante theoretische Erkenntnisse kurz vorgestellt.

2.1 Grundlagen der Kommunikation

Kommunikation ist nicht nur für Mitarbeitergespräche im Speziellen, sondern für sämtliche Gespräche und Kontakte im allgemeinen Berufsalltag unerlässlich und erfolgsentscheidend für die Umsetzung organisationeller Anliegen. Grundlage der meisten Kommunikationsmodelle ist die Annahme, dass ein Kommunikationsprozess stets einen Sender, einen Empfänger und eine Nachricht erfordert (vgl. Abbildung 4). Der Sender (Person A) sendet eine Nachricht an den Empfänger

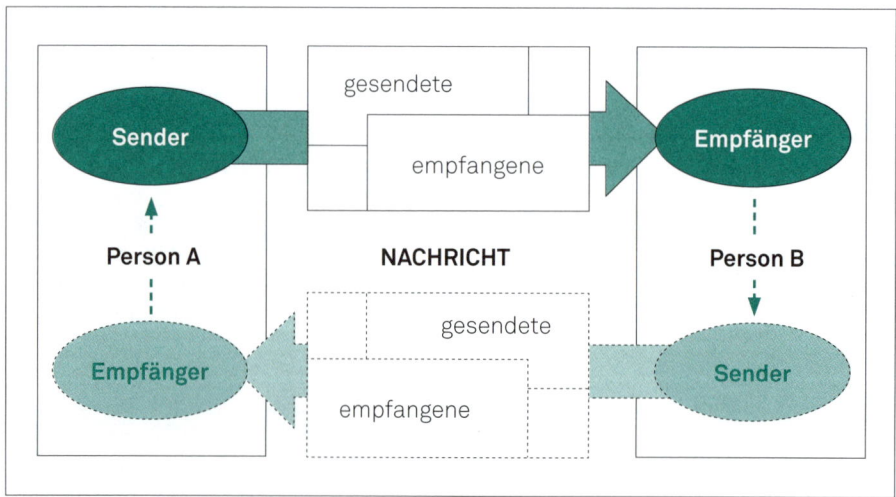

Abbildung 4: Dynamisches Sender-Empfänger-Modell der Kommunikation

(Person B). Allerdings gilt es einschränkend anzumerken, dass die gesendete und die empfangene Nachricht nicht in jedem Fall übereinstimmen. Je nach „gemeinsamem Zeichenvorrat" besteht ein mehr oder weniger großes Verständnis, es ist somit zunächst unklar, inwieweit eine Botschaft ankommt. Da es sich bei einer Kommunikation um einen dynamischen Prozess handelt, wird der Empfänger (Person B) einer Nachricht in den meisten Fällen anschließend zum Sender einer nächsten Nachricht an Person A.

2.1.1 Kommunikationsmodelle

Es existieren verschiedene, zum Teil sich inhaltlich überlappende Kommunikationsmodelle, mit denen Gesprächssituationen analysiert werden können. Nachfolgend sollen das Zwei-Ebenen-Modell, das TALK-Modell, das Vier-Schichten-Modell und das Johari-Modell vorgestellt werden.

Gemäß dem populären *Zwei-Ebenen-Modell* der Kommunikation von Schulz von Thun (z.B. Schulz von Thun, Ruppel & Stratmann, 2003), welches im Wesentlichen auf Watzlawick fußt (vgl. Watzlawick et al., 2017, Erstpublikation 1967), können die Sach- und die Beziehungsebene einer Nachricht unterschieden werden, „Hirn und Herz" eines Gesprächs. Mit der *Sachebene*, d.h. der rationalen Ebene, ist der reine Informationsgehalt einer Nachricht gemeint, während die *Beziehungsebene* zeigt, wie man zu seinem Gesprächspartner steht bzw. was man von ihm hält. Vielfach wird sich allerdings in der betrieblichen Praxis herausstellen, dass die emotionale Ebene auch für vermeintliche Sachentscheidungen ausschlaggebend ist. Sarges (1995) spricht in diesem Zusammenhang davon, dass die sachlich/fachlich verengte Kommunikation („to get the facts") einer der größten Effizienz-Blockierer ist. In einer Erweiterung des Modells wurden die Dimensionen *Selbstoffenbarung* und *Appell* entsprechend als dritte und vierte Ebene ergänzt. Die Selbstoffenbarung gibt hierbei Informationen über den Redner preis, während der Appell implizite Handlungsaufforderungen für den Empfänger einer Nachricht beschreibt.

Eng verwandte Dimensionen finden sich im *TALK-Modell* von Neuberger (1996), das häufig im Management-Trainingsbereich eingesetzt wird. Dort werden die vier Dimensionen als Tatsachendarstellung, Ausdruck, Lenkung und Kontakt bezeichnet. Abbildung 5 gibt einen Überblick über die vier Dimensionen und die zentralen Fragen, die sich der Empfänger einer Botschaft bei jeder Nachricht unbewusst stellt.

In der Regel finden sich sämtliche Ebenen in jedem Gespräch wieder, wenn auch nicht in gleich starker Ausprägung. Durch die vielseitigen Deutungsmöglichkeiten wird im Prinzip jede Nachricht zu einer Konstruktion aus Wahrnehmung, Einstellung und Erfahrung des Empfängers. Gemäß dem um eine Interaktionskomponente erweiterten Verständnis können die Beteiligten einer Interaktion jeweils wählen, auf welcher Ebene sie eine Nachricht versenden, aber gleichzeitig auch, auf welcher Ebene sie eine Nachricht empfangen.

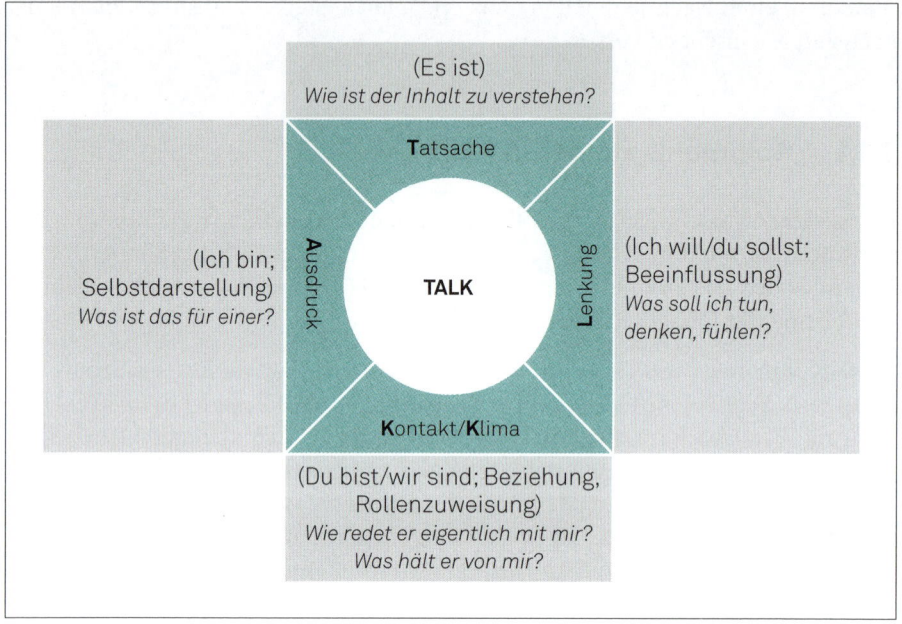

Abbildung 5: Veranschaulichung der Gesprächsdimensionen im Rahmen des TALK-Modells

Um die Relevanz für den Berufsalltag und zugleich für das Mitarbeitergespräch zu verdeutlichen, wird im Folgenden anhand zweier Aussprüche, dem eines Vorgesetzten und dem eines Mitarbeiters, die Vielschichtigkeit und mögliche Vieldeutigkeit von Aussagen veranschaulicht (siehe Abbildungen 6 und 7). Hierbei wird anhand von zwei Äußerungen jeweils beispielhaft eine pointierte Deutung (aus Sicht einer Führungskraft bzw. eines nachgeordneten Mitarbeiters) im Sinne der vier Dimensionen einer Nachricht vorgenommen.

Abbildung 6: Gesprächsbeispiel aus Sicht eines Vorgesetzten unter Berücksichtigung der Dimensionen des TALK-Modells

Welche Seite einer Nachricht ein Empfänger besonders intensiv wahrnimmt, wird durch seine Erwartungen und (Vor-)Urteile gegenüber dem Gesprächspartner geprägt (vgl. Nerdinger, 1997). Zudem kommt für die Deutung einer Nachricht aber auch den nonverbalen Merkmalen wie dem Tonfall und der Mimik ein erhebliches Gewicht zu (siehe Abschnitt 2.1.5).

Abbildung 7: Gesprächsbeispiel aus Sicht eines Mitarbeiters unter Berücksichtigung der Dimensionen des TALK-Modells

> Zusammenfassend lässt sich feststellen: Wenn die *Tatsachen* durch den *Ausdruck* eine solche *Lenkung* erfahren, dass kein *Kontakt* hergestellt wird, ist es kein Gespräch.

Neben den bereits genannten Dimensionen ist eine fünfte Dimension, die sog. *Metakommunikation* als reflektorische Komponente, für das Mitarbeitergespräch von großer Bedeutung. Mit Metakommunikation ist das Reden über ein Gespräch bzw. einen Gesprächsverlauf gemeint, das zur Lösung von Problemen oder beim Geben von Feedback eingesetzt werden kann.

Kießling-Sonntag (2013) stellt mit dem *Vier-Schichten-Modell* der Kommunikation ein Gerüst mit Grundfragen und Themen für den Dialog vor. Abbildung 8 zeigt das Modell mit Bezug zu fünf Phasen eines Gesprächs (1. Kontakt, 2. Themen, Ziele, 3. Themenbearbeitung, 4. Ergebnisse und 5. Abschluss). Dementsprechend laufen in jeder Phase eines Gesprächs verschiedene Prozesse auf unterschiedlichen Ebenen parallel ab.

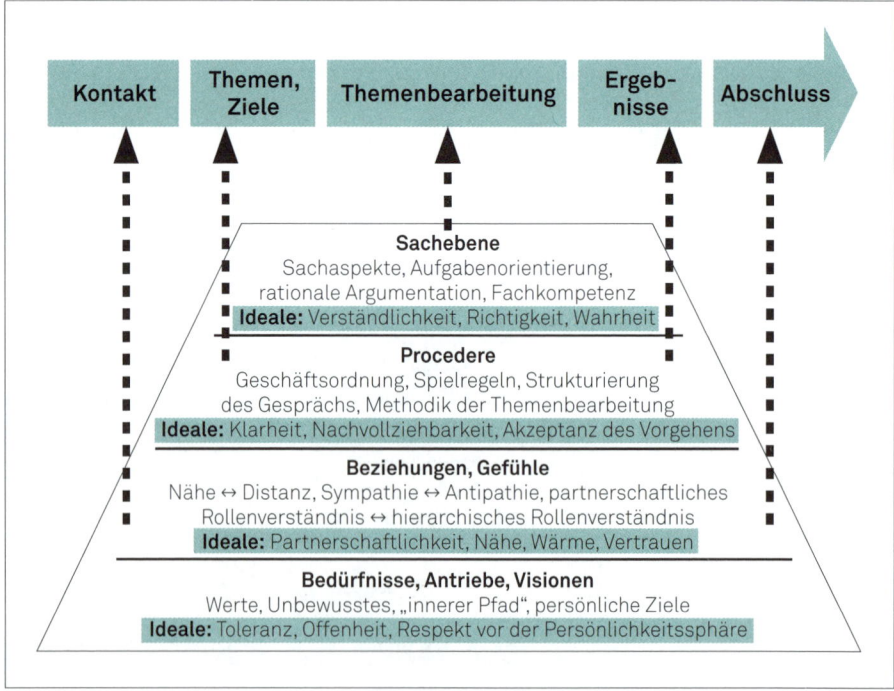

Abbildung 8: Gesprächsmodell mit integriertem Vier-Schichten-Modell der Kommunikation (in Anlehnung an Kießling-Sonntag, 2000)

Auf der rationalen Ebene bzw. der *Sachebene* sollten sich beide Gesprächspartner vor einem Dialog die Frage stellen, worüber geredet wird bzw. worum es inhaltlich gehen soll. Das Gespräch dient als Hilfsmittel für die Verständigung zwischen zwei Personen zur Erreichung eines Ziels. Wichtig für ein gelungenes Gespräch sind hier Richtigkeit, Verständlichkeit und Wahrheit. Die Ebene der Rahmenbedingungen *(Procedere)* umfasst die Spielregeln in der Organisation oder der Abteilung und die meist vorgegebene Gesprächsstruktur. Das *Wie* eines Gesprächs wird betrachtet, und es sollten Klarheit, Nachvollziehbarkeit und Akzeptanz des Vorgehens angestrebt werden. Es schließt sich die Ebene der *Beziehungen und Gefühle* an. Hier wird das Verhältnis zum Gegenüber reflektiert, das durch die Gegensätze Nähe – Distanz, Sympathie – Antipathie zwischen Gesprächspartnern, das Rollenverständnis sowie die Beachtung der Gefühle des Gesprächspartners geprägt wird. Allem Handeln einer Person liegen letztlich ihre *Bedürfnisse und Antriebe* zugrunde. Diese bilden die vierte Schicht der Kommunikation. Sie zeichnet sich dadurch aus, dass ihre Inhalte wie Werte, Normen und persönliche Ziele häufig nicht nur dem Gesprächspartner, sondern auch dem Bewusstsein der Person selbst verborgen sind, gleichzeitig aber den Verlauf eines Gesprächs maßgeblich beeinflussen. Ideale dieser Kommunikationsebene sind Toleranz, Offenheit und Respekt vor der Persönlichkeitssphäre des Gesprächspartners.

Neben den klassischen Kommunikationsmodellen ist für das Mitarbeitergespräch auch die Differenzierung zwischen Selbst- und Fremdwahrnehmung von zentraler Bedeutung. Dieses Spannungsfeld wird in dem *Johari-Fenster* von Luft und Ingham verdeutlicht (siehe z. B. Antons, Ehrensperger & Milesi, 2019), das vier verschiedene Felder bzw. Quadranten umfasst (siehe Abbildung 9).

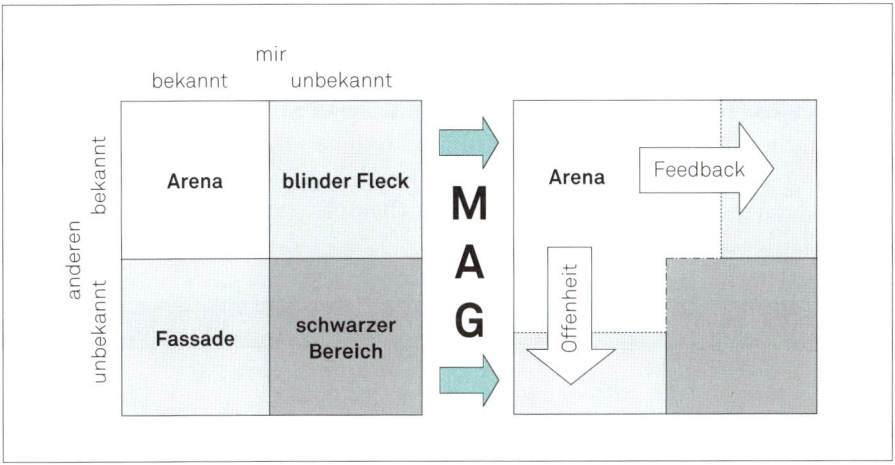

Abbildung 9: Das MAG im Kontext der Dynamik des Johari-Fensters

Das Modell veranschaulicht grafisch, dass in einer Kommunikation lediglich ein Bruchteil der eigenen Informationen und Wahrnehmungen preisgegeben wird, während der überwiegende Teil zumindest für einen Kommunikationspartner verborgen bzw. unbekannt bleibt. Der Bereich der *Arena* umfasst hierbei das freie Handeln, d. h. die Verhaltensweisen, die beiden Parteien bekannt sind. In der Organisation entspricht dies dem Bereich der „öffentlichen Person". Der Bereich der *Fassade* umfasst dagegen Verhaltensweisen und Eigenschaften, die eine Person ihrer Umgebung nicht preisgeben möchte. Dies können neben nicht geäußerten Wünschen und Schwächen auch Überzeugungen auf politischen, religiösen oder anderen Feldern sein. Es handelt sich um den Teil der „privaten Person". Der eigene *blinde Fleck* ist einer Person selbst nicht bekannt, trägt aber stark zur Einschätzung durch oder zur Wirkung auf das Gegenüber bei. Häufig gehören Gestik, Mimik und z. B. der Tonfall einer Person zu dem Bereich der Außenwirkung, der ihr selbst nicht vollständig bewusst ist. In dem Quadranten des *schwarzen Bereichs* sind schließlich unbewusste Talente und Potenziale sowie all das zusammenzufassen, was beiden Gesprächspartnern nicht bewusst zugänglich ist.

Das MAG bietet die Möglichkeit, den Quadranten der Arena durch Informationsweitergabe an den Gesprächspartner und das Einholen von Feedback auszuweiten. Durch Feedback des Vorgesetzten kann gleichschrittig vor allem der Bereich des blinden Flecks bearbeitet und damit verringert werden. Misstrauen und Fehleinschätzungen können auf diese Weise reduziert werden. Da jeder Mensch versucht, sich kongruent zu seinem Selbstbild zu verhalten, ist es beim Feedback wichtig, dass beide Parteien bereit sind, die Ansichten des Gegenübers aufzunehmen und ihr Verhalten zu hinterfragen (zu Feedbackregeln siehe Abschnitt 2.2).

Die Wechselwirkungs-Acht – ein hilfreiches Modell, um Dynamiken im Mitarbeitergespräch sichtbar zu machen

Es kommt durchaus vor, dass sich in Interaktionen zwischen zwei Personen feste Muster entwickeln, die eher dysfunktional sind. Ein Modell, das diese Mechanismen gut erklärt und aus der Psychotherapie stammt, beschreibt Weiss (2007), die sog. Wechselwirkungs-Acht.

Verhalten Führungskraft	Verhalten Mitarbeiter
Zum Beispiel: Wird ironisch, laut oder im Tonfall aggressiv	Zum Beispiel: Wird ebenfalls laut, kritisiert seinerseits, geht zum Angriff über
Inneres Erleben Führungskraft	**Inneres Erleben Mitarbeiter**
Zum Beispiel: Empfindet Ärger oder Wut, erlebt Verhalten des Gesprächspartners als unangemessen	Zum Beispiel: Fühlt sich unter Druck gesetzt, empfindet sich herabgesetzt und klein gemacht

In jedem der vier Felder werden Verhaltensweisen oder Gefühlslagen der beteiligten Personen dargestellt. Dem Modell liegt die Annahme zugrunde, dass sich die vier Felder gegenseitig bedingen und zwar einer liegenden Acht folgend, unabhängig davon, in welchem der Quadranten die Interaktion beginnt.

Die zentrale Erkenntnis besteht darin, dass das Verhalten der einen Person zunächst das innere Erleben des Gesprächspartners anspricht und damit Emotionen auslöst, die sich anschließend wiederum in einem bestimmten Verhalten äußern, beispielsweise einer Abwehrreaktion. Auch beim Gegenüber spricht dieses Verhalten wieder ein bestimmtes inneres Erleben an und setzt auch auf dessen Seite eine Reaktion in Gang.

Anhand dieses Schemas lässt sich veranschaulichen, warum Gespräche eskalieren oder auch ein Gesprächspartner im Mitarbeitergespräch „dicht macht", d. h. nur noch wenig spricht oder im Extremfall ganz verstummt. Besonders bei verfestigten Mustern kann es hilfreich sein, problematische Gesprächssituationen – möglicherweise unterstützt durch einen Coach – unter Zuhilfenahme des Modells der Wechselwirkungs-Acht näher zu analysieren; allein oder mit dem Gesprächspartner zusammen.

2.1.2 Gesprächsstile

Entscheidend für den zufriedenstellenden Verlauf und die erzielbaren Resultate eines Mitarbeitergesprächs ist nicht zuletzt der Gesprächsstil des Vorgesetzten (siehe Neumann, 2014). Dieser wird durch die Einstellung zum Gesprächspartner geprägt (siehe Abschnitt 2.1.3) und kann zudem durch den Einsatz verschiedener Gesprächstechniken abgerundet werden. Es ist jedoch analog zu Führungsstilen nicht einfach möglich, einen Gesprächsstil auszuwählen und instrumentell anzuwenden, sondern der Gesprächsstil wird in starkem Maße durch die Persönlichkeit der Handelnden beeinflusst. Hilfreich ist es, sich den persönlichen Gesprächsstil hinreichend bewusst zu machen, um einen reflektierten Umgang zu ermöglichen und damit die Qualität des MAGs zu fördern.

Es lassen sich verschiedene relevante Gesprächsstiltypologien identifizieren. Zur Analyse von Gesprächssituationen im Unternehmen sollte eine Strukturierung gewählt werden, die sich an Dimensionen orientiert, die im Führungsalltag tatsächlich eine Rolle spielen. Entscheidende Dimensionen sind in Anlehnung an das Wertequadrat von Helwig (1965) nach Schulz von Thun (2010) einerseits die *Lenkung* eines Gesprächs durch den Vorgesetzten und andererseits seine *Wertschätzung* bzw. sein Eingehen auf den Mitarbeiter. Grundsätzlich ist ein Gespräch, in dem keine Lenkung stattfindet, nicht denkbar, aber der Grad dieser mehr oder weniger absichtsvoll vorgenommenen Steuerung kann erheblich variieren. Sowohl der Grad der Lenkung als auch das Eingehen auf den Gesprächspartner haben einen starken Einfluss auf das Verhalten und die Kooperation des Mitarbeiters im Gespräch sowie zeitlich darüber hinaus. In einem Band von Westermann (2007) werden in einer Vielzahl von Beiträgen Ausdifferenzierungen und praktische Ansätze auf Basis des Wertequadrates anschaulich geschildert. Grundsätzlich lassen sich auf dieser Basis fünf verschiedene Gesprächsstile unterscheiden, deren Übergänge allerdings fließend sind (vgl. Abbildung 10).

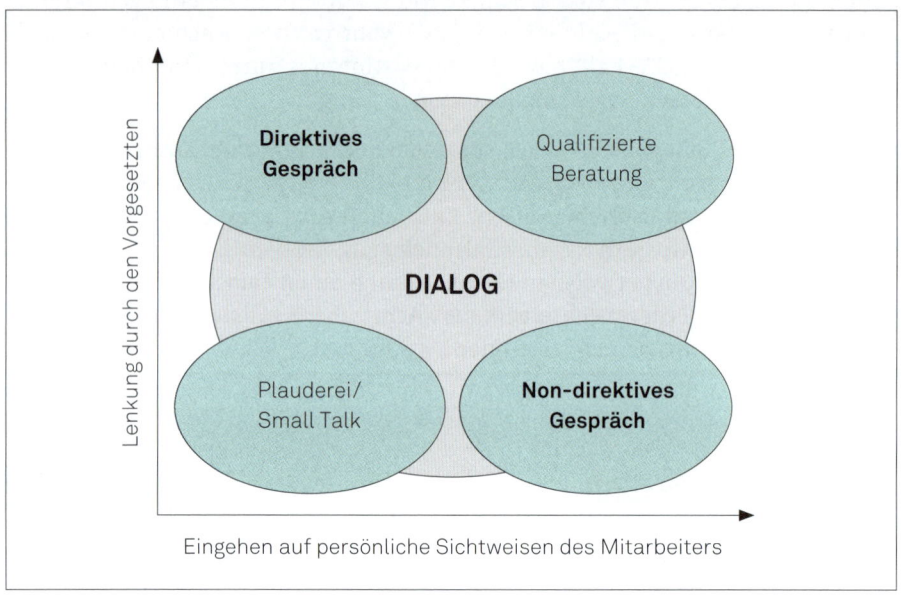

Abbildung 10: Veranschaulichung unterschiedlicher Gesprächsstile (in Anlehnung an Neumann, 2014)

Die Gesprächsstile, bei denen jeweils eine Dimension stark, die zweite lediglich schwach ausgeprägt ist, sind das *direktive* und das *non-direktive* Gespräch. Das *direktive Gespräch* zeichnet sich dadurch aus, dass der Vorgesetzte die alleinige Lenkung, Entscheidungsfindung und Kontrolle ausübt und dabei wenig auf den Mitarbeiter und dessen Bedürfnisse eingeht. Diese Form ist in Organisationen vielfach anzutreffen und hat ihre offensichtlichen Vorzüge vor allem in einer hohen zeitlichen Effizienz und in der Erreichung der Ziele der Agenda des Vorgesetzten. Dies setzt allerdings für das Treffen richtiger Entscheidungen voraus, dass die Führungskraft über sämtliche notwendigen Informationen zur Entscheidungsfindung verfügt, was häufig nicht gegeben ist.

Direktive Gesprächsstile können zudem nach aufsteigendem Grad der Lenkung in das patriarchalisch-autoritäre, das autoritäre und das Stressgespräch differenziert werden. Im Rahmen direktiver Gesprächstechniken werden bewusst oder

unbewusst oftmals verschiedene *Manipulationstechniken* zur Lenkung des Gesprächs eingesetzt. Solche Manipulationstechniken sind etwa (vgl. Neuberger, 2015):
- Vermengung von Tatsachen und Interpretationen (z. B. Gerüchte verbreiten)
- Aneinander Vorbeireden der Gesprächspartner (z. B. Verschleierung eigener Ziele, Verwendung mehrdeutiger Begrifflichkeiten)
- „Basta"-Haltung (z. B. bewusste Auslassung von entscheidenden Informationen)
- Statische Betrachtungsweise (z. B. nachtragend sein, Verwendung von Pauschalurteilen)
- Etikettierung (z. B. Stereotypisierung)
- Polarisierung (z. B. Schwarz-Weiß-Malerei)
- Einseitigkeit (z. B. Monologisieren, Monopolisieren von Informationen)
- Personalisierung (z. B. Darstellung sachlicher Probleme als persönliche, Verstecken hinter Autoritäten)
- Sozialer Druck (z. B. Mehrheiten organisieren zur Stützung der eigenen Meinung)
- Nebenbedeutungen (z. B. den Gesprächspartner über die eigene Haltung im Unklaren lassen)

Das *non-direktive Gespräch* ist demgegenüber ausgesprochen mitarbeiterzentriert, da der Vorgesetzte sich im Gespräch zurücknimmt und sich an den wahrgenommenen Wünschen und Vorstellungen des Mitarbeiters orientiert. Dies bedeutet allerdings nicht, dass der Vorgesetzte eine passive Rolle einnehmen muss. Beispielsweise durch Aktives Zuhören und Reflektieren bzw. Verbalisieren der Äußerungen und vermuteten Gefühle des Mitarbeiters kann der Vorgesetzte aktiv das Gespräch und die Richtung des Gesprächs mitgestalten, ohne dabei eine Vorrangstellung einzunehmen.

Exkurs: Beispiele zum Gesprächseinstieg bei verschiedenen Gesprächsstilen (vgl. Neumann, 2014)

Ausgangssituation: Ein Vorgesetzter (VG) stellt seit einigen Monaten fest, dass die Arbeitsergebnisse und die Leistungsfähigkeit eines Mitarbeiters (MA) deutlich nachgelassen haben. Er entschließt sich, das Gespräch zu suchen.

Direktives Stressgespräch:

VG: „Ihre Leistungen sind in letzter Zeit absolut indiskutabel. So kann es keinesfalls weitergehen. Sie müssen umgehend Ihre Leistung wieder auf den alten Stand bringen und alles unterlassen, was Ihre Leistungserbringung beeinträchtigen könnte."

MA: „Ja, selbstverständlich."

VG: „Was heißt hier ‚selbstverständlich'? Das ist doch eine Floskel! Sie müssen alles, aber auch wirklich alles unterlassen, was Ihre Leistung einschränkt. Das gilt auch für jegliche Art von Alkoholkonsum. Der ist doch sicher wieder mit im Spiel?"

MA: „Nein, mit Alkohol habe ich kein Problem."

VG: „Mit Alkohol nicht, aber wahrscheinlich ohne! So eine Antwort ist ja wieder einmal typisch für Sie. Ihnen fehlt es wohl an Courage, Ihre Probleme zuzugeben ..."

Non-direktives Gespräch:

VG: „Ihre Arbeitsleistung hat nachgelassen, und ich frage mich, woran das liegen könnte. Wie sehen Sie das?"

MA: „Aus meiner Sicht ist alles in Ordnung."

VG: „Sind Sie sich sicher?"

MA: „Na ja, ... ich finde, dass ich im Vergleich zu den anderen voll im Soll liege."

VG: „Hm."

MA: „Aber es waren in letzter Zeit auch einige besonders schwierige Aufgaben dabei. Da musste ich mich erst reinarbeiten. Das hat vielleicht meine Leistung etwas beeinträchtigt ..."

Das Stressgespräch als Extremform eines direktiven Gesprächs findet im Mitarbeitergespräch nur selten Anwendung. Dies liegt darin begründet, dass diese Gesprächsform in erster Linie darauf abzielt, die Widerstandskraft eines Gegenübers durch die Erzeugung von Druck und Spannung zu prüfen oder zu brechen, wie es vor allem für Bewerbungen beim Militär relevant sein kann (Neuberger, 2015). Durch verschiedene Verhaltensweisen im Gespräch, die die Abwehrmechanismen des Mitarbeiters aktivieren, kann jedoch auch ein normales Mitarbeitergespräch als Stressgespräch enden oder durchaus als solches empfunden werden.

Um dies und eine zu starke Direktion zu vermeiden, sollte der Vorgesetzte folgende grundlegende *Empfehlungen zum Gesprächsverhalten* berücksichtigen:
1. Aktives Zuhören
2. Einsatz von offenen Fragen
3. Ernstnehmen der persönlichen Probleme der Mitarbeiter
4. Vermeiden von Bevormundungen
5. Sprache sollte nicht von Sie-Botschaften dominiert sein

Beim sog. *Aktiven Zuhören* handelt es sich um eine Grundvoraussetzung für einen konstruktiven Dialog. Hierbei kann es gelegentlich sinnvoll sein, die Äußerungen des Mitarbeiters nicht nur engagiert zu verfolgen, sondern auch zu paraphrasieren oder zu verbalisieren, um sicherzustellen, dass man ihn in seinem Sinne richtig verstanden hat. Fehler beim Zuhören können z. B. durch die aktuelle körperliche Verfassung des Zuhörers bedingt sein. Hier spielen beispielsweise Müdigkeit, Hektik, Stress des Zuhörers oder auch Trauer eine Rolle (vgl. Lucas, 1995). Zudem kann sich eine grundsätzliche Antipathie gegenüber dem Gesprächspartner, aber auch ein vorschnelles Interpretieren des vermeintlich Gehörten oder eine bereits während des Zuhörens beginnende Zurechtlegung der möglichen Antwort negativ auswirken. Ein Klassiker zur Problematik des Zuhörens sind die ursprünglich von Neuberger in den 1970er Jahren aus dem englischen Sprachraum adaptierten *Zehn Gebote guten Zuhörens*, die für den vorliegenden Band weiterentwickelt und in zeitgemäße Formulierungen überführt wurden (siehe Kasten und die beiliegende Karte).

10 Gebote guten Zuhörens

1. *Sprechen Sie nicht selbst!*
   Während Sie sprechen, können Sie nicht zuhören.
2. *Schaffen Sie eine Atmosphäre, in der Ihr Gesprächspartner sich öffnen kann!*
   Verzichten Sie auf alles, was den anderen unter Druck setzen könnte.
3. *Machen Sie deutlich, dass Sie wirklich zuhören wollen!*
   Signalisieren Sie Interesse, fokussieren Sie sich auf das Zuhören und verkneifen Sie sich, sofort über Gegenargumente nachzudenken.
4. *Schalten Sie Ablenkungen und Störungen aus!*
   Kein Multitasking während des Gesprächs: Keine Unterlagen durchsehen, nicht auf Bildschirme, Displays oder Handys schauen
5. *Versetzen Sie sich in die Situation Ihres Gesprächspartners!*
   Versuchen Sie, seine Sichtweise einzunehmen und seinen Standpunkt zu verstehen.
6. *Seien Sie geduldig und nehmen Sie sich die nötige Zeit!*
   Vermeiden Sie Zeitdruck und planen Sie einen Zeitpuffer für zusätzlichen Gesprächsbedarf ein.
7. *Signalisieren Sie Bereitschaft, sich zurückzunehmen!*
   Kontrollieren Sie Ihre eigenen Impulse und Emotionen, auch Ärger oder Unmut.
8. *Vermeiden Sie Vorwürfe und überzogene Kritik!*
   Sie riskieren sonst eine Eskalation und/oder eine Blockadehaltung.
9. *Fragen Sie!*
   Stellen Sie öffnende Fragen, um Ihr Interesse zu verdeutlichen und damit den Gesprächspartner zu ermutigen.
10. *Sprechen Sie nicht selbst!*
    Wer nicht spricht, kann zuhören!

Fragen richtig zu formulieren, ist besonders wichtig, weil damit die Informationsbasis für beide Gesprächspartner erhöht und neue Sichtweisen zutage gefördert werden können. Darüber hinaus signalisieren Fragen dem Gegenüber gleichzeitig Interesse (vgl. Mentzel, Grotzfeld & Haub, 2017). Man kann grundsätzlich offene und geschlossene Fragetypen unterscheiden, die sich unterschiedlich gut für das Mitarbeitergespräch eignen. Während man auf *offene Fragen* mit einer umfassenden Stellungnahme zu einer Sachlage antworten kann, bieten *geschlossene Fragen* im Grunde genommen nur die beiden Antwortmöglichkeiten „Ja" oder „Nein". Da es im MAG um die Erörterung und Diskussion differenzierter Themen geht, ist offenen Fragen in diesem Kontext eindeutig der Vorzug zu geben.

Grundsätzlich ist darauf zu achten, dass keine *Suggestivfragen* („Finden Sie nicht auch, dass ...?") gestellt werden sollten, da diese sich negativ auf das Gesprächsklima und den Erkenntnisgewinn auswirken.

Das Ernstnehmen der persönlichen, aber auch der fachlichen Anliegen der Mitarbeiter ist von großer Bedeutung für eine gedeihliche Zusammenarbeit. Bagatellisiert ein Vorgesetzter vorgetragene Probleme seines Mitarbeiters, so kann dies die Leistungsfähigkeit des Mitarbeiters mindern oder sogar Abwendungseffekte auslösen. In diesem Zusammenhang ist es auch wichtig, dass der Vorgesetzte darauf achtet, dass er Bevormundungen im Sinne eigenmächtiger Lösungen von Problemen der Mitarbeiter möglichst unterlässt. Vermeiden Sie als Vorgesetzter ein Übermaß an Empathie im Sinne von Mitleiden – es ist nicht hilfreich, wenn der Vorgesetzte noch mehr leidet als derjenige, der vom Problem direkt betroffen ist. Dies unterminiert die Eigenverantwortung der Mitarbeiter und führt langfristig dazu, dass sie Selbstverantwortlichkeit einbüßen.

Benutzt man in einem Gespräch verstärkt *Sie*- bzw. *Du-Botschaften*, so besteht die Gefahr, bei seinem Gegenüber Kritik und Ablehnung hervorzurufen. Diese liegt darin begründet, dass Sie- bzw. Du-Botschaften u. a. leicht als Herabsetzung oder Kritik empfunden werden können, häufig provozieren und den anderen verletzen können („Sie haben sich nicht genug eingesetzt", „Sie müssen mehr ...", „Machen Sie doch endlich mal ...") (vgl. Gordon, 2005). Ich-Aussagen werden demgegenüber in der Regel deutlich positiver wahrgenommen, da sie keine Verallgemeinerungen und Zuschreibungen enthalten, sondern vor allem Sichtweisen und Empfindungen einer Person preisgeben. Zudem lösen Ich-Botschaften eher Fragen aus, während Sie-Botschaften in der Regel Rechtfertigungen zur Folge haben, die weniger zielführend sind.

Vollständige Ich-Aussagen umfassen drei Elemente: (1) Die Beschreibung eines konkreten Verhaltens, was thematisiert wird, und (2) die Emotion, die dieses Verhalten bei mir auslöst, sind zentral. Zusätzlich hilfreich ist (3) die Auswirkung, die dieses Verhalten bei mir hat:
- „Das von Ihnen erstellte Angebot an unseren Kunden war fehlerhaft. Dies hat mich sehr verärgert, da es ein schlechtes Licht auf unser Haus wirft."

- „Die Angaben, die Sie mir für die letzte Sitzung zusammengestellt haben, waren nicht mehr aktuell. Ich habe mich darüber sehr geärgert. Denn darunter leidet die Glaubwürdigkeit der Abteilung" (siehe Alter, 2015, S. 34).

Im Mitarbeitergespräch gilt es, die Balance zwischen direktivem und non-direktivem Gesprächsverhalten zu finden, sodass dem Mitarbeiter die Majorität der Redezeit gelassen wird, aber dennoch – oder sogar auf dieser Grundlage – die Gesprächsziele erreicht werden. Unterstützend für den konstruktiven Verlauf eines Gesprächs kann sich der Einsatz der folgenden *konstruktiven Gesprächstechniken* auswirken:

- Verstärken („Das ist ein interessanter Aspekt, den Sie da aufzeigen …")
- Zusammenfassen („Verstehe ich Sie insgesamt richtig, wenn ich Ihre Argumente unter folgende Überschrift stelle …")
- Interpretieren („Ist es korrekt, dass es Ihnen primär wichtig ist, dass …")
- Konkretisieren/Verbalisieren („Sie erwarten also, dass …?")
- Fragen stellen (Offene Fragen: Was? Wann? Warum? Wofür? In welcher Form? Aus welchem Grund? …)
- Gesprächsverlauf skizzieren („Zunächst würde ich Ihnen gern die Möglichkeit geben …, danach möchte ich …")
- Sprechpausen (Pausen veranlassen nicht selten den Gesprächspartner dazu, Wesentliches beizutragen)

Pausen im Gespräch zuzulassen, ist eine wichtige Führungskompetenz, da man hierdurch Interesse am Gesprächspartner signalisiert. Wenn man es als Führungskraft schafft, Stille auszuhalten, gelingt es nicht selten, den Mitarbeiter dadurch zu wichtigen Äußerungen zu bewegen. Lässt man keine Pausen zu, besteht die Gefahr zu monologisieren und hierdurch kann das Gegenüber längeren Argumentationen häufig nicht folgen (vgl. Boden, 2013). Zu beachten ist allerdings, dass durch ein unangemessenes Ausdehnen von Pausen – absichtsvoll oder nicht – ein unzuträglicher Druck auf den Gesprächspartner aufgebaut wird.

2.1.3 Schaffen eines positiven Gesprächsklimas

Ein wichtiges Element eines erfolgreichen Mitarbeitergesprächs ist das Schaffen eines positiven Gesprächsklimas. Um dies zu erreichen, sollten einige Grundvoraussetzungen beim Sprechen, aber auch beim Zuhören beachtet werden. Die Ausdrucksweise des Sprechers sollte möglichst präzise und genau sein. Zudem wirkt es sich positiv auf das Gesprächsklima aus, wenn der Vorgesetzte den Mitarbeiter wie einen gleichberechtigten Gesprächspartner ansieht und ihm auch so gegenübertritt.

Neben der Kommunikation haben auch die Rahmenbedingungen des Mitarbeitergesprächs einen entscheidenden Anteil an dem resultierenden Gesprächsklima. Hierzu zählen unter anderem die Wahl und Gestaltung des Besprechungsraumes und die Sitzordnung bzw. Positionierung beim Gespräch (nach Möglichkeit nicht konfrontativ gegenüber, sondern z. B. über Eck an einem Besprechungstisch).

Ein weiterer Einfluss auf das Gesprächsklima geht von dem impliziten Mitarbeiterbild des Vorgesetzten aus. Gemäß der *Managementtheorien X und Y* nach McGregor (1973) kann man grundsätzlich zwei geradezu antagonistische Menschenbilder bei Vorgesetzten ausmachen. *Theorie X* geht davon aus, dass Mitarbeiter im Grunde arbeitsunwillig sind und Verantwortung sowie Engagement scheuen. Das daraus abgeleitete Führungsprinzip lässt sich zusammenfassend mit „Führung durch Druck und Kontrolle" umschreiben. Führungskräfte, deren Menschenbild dagegen eher der *Theorie Y* entspricht, nehmen implizit an, dass Mitarbeiter sich aus eigenem Antrieb für Ziele einsetzen und zudem bereit sind, sich nachhaltig zu engagieren und Verantwortung zu übernehmen. Entsprechend dieser Annahmen versuchen diese Führungskräfte, fördernde Arbeitsbedingungen für ihre Mitarbeiter und deren Entwicklung zu schaffen. Nicht zuletzt auch vor dem Hintergrund einer sich selbsterfüllenden Prophezeiung ist davon auszugehen, dass die Einstellung der Führungskraft stets nachhaltige Auswirkungen auf Arbeitsergebnisse und Motivation der Mitarbeiter hat und zudem das Gesprächsklima prägt (siehe auch Rosenthal, 1976). Der zugrundeliegende Verhaltensstil begünstigt, dass sich die jeweils vorherrschenden Annahmen schließlich in der Realität bestätigen.

Scheffer und Kuhl (2006) empfehlen ausdrücklich, die Mitarbeiterpersönlichkeit und deren Motivstruktur zu berücksichtigen, um über die Erreichung eines konstruktiven Gesprächsklimas entsprechende motivationale Ansätze im Gespräch herauszuarbeiten.

Einfachheit	Gliederung/Ordnung
• Kurze Sätze • Nebensätze nachgeordnet • Keine Verschachtelungen • Einsatz bekannter/geläufiger Wörter • Fremdworte erklären • Anschaulichkeit und Konkretheit	• Ankündigung der Struktur • Logischer Aufbau • Unterscheidung von Wesentlichem und Unwesentlichem • Überleitungen von einem Gedanken zum nächsten • Zusammenfassungen

Kürze/Prägnanz	Anregende Zusätze
• Auf das Wesentliche beschränkt • Auf das Ziel konzentriert • Keine Abschweifungen • Verzicht auf Ausschmückungen	• Anreicherung durch Beispiele, Geschichten • Nutzung von Metaphern, Bildern, Vergleichen • Direkte Ansprache, Motivierung • Bezug auf Erfahrungen des Partners

Abbildung 11: Verständlichkeitsfenster zur Beurteilung von Gesprächen

Im Gespräch kommt es vor allem darauf an, dass die Gesprächspartner ihre Botschaften verständlich für ihr Gegenüber formulieren. In diesem Zusammenhang haben Langer, Schulz von Thun und Tausch (2015) ein *Verständlichkeitsfenster* entwickelt, das die wichtigsten Grundregeln zusammenfasst (siehe Abbildung 11).

2.1.4 Im Gespräch motivieren

Ein bisweilen vorliegendes Grundverständnis lautet: Jeder kann nur sich selbst motivieren (so z. B. Sprenger, 1991). Das Wort Motivation leitet sich allerdings aus dem lateinischen Verb „movere" (bewegen) ab; es bedeutet „das, was den anderen bewegt". Für das Mitarbeitergespräch ist es bedeutsam, dass der Vorgesetzte motivationsrelevante Aspekte der Tätigkeit anspricht, um auf diese Weise seinen Mitarbeiter für das gemeinsame Anliegen zu gewinnen. Ein besonders wichtiger Bestandteil des Mitarbeitergesprächs ist hierbei das Feedback. Mit diesem kann ein Vorgesetzter im besten Fall seinen Mitarbeiter zu meist gewünschten Höchstleistungen motivieren. Werden jedoch elementare Grundlagen nicht beachtet (siehe Abschnitt 2.2), so können z. B. durch manipulative Äußerungen negative Effekte für die Arbeitsleistung und Belastungen für den zwischenmenschlichen Umgang verursacht werden. (Frei nach Wilhelm Busch: Man merkt die Absicht und ist verstimmt.)

Auch wenn es schwierig oder sogar unmöglich sein mag, andere Menschen direkt zu motivieren, so kann eine Führungskraft durch den gezielten Einsatz von *Anreizen* jedoch versuchen, vorhandene (Leistungs-)Motive bei den Mitarbeitern zu aktivieren. Tosti (2001) stellt in einer Checkliste folgende Grobgliederung von Anreizen bzw. Motivatoren vor, die im beruflichen Kontext relevant sein können:
- Anerkennung,
- Arbeitsaufgaben,
- Arbeitsverantwortung,
- materielle Belohnungen,
- Statusindikatoren,
- Anreizfeedback,
- persönliche Aktivitäten,
- soziale Aktivitäten,
- die Befreiung von unangenehmen Regeln
- und einem unangenehmen Arbeitsumfeld.

Neben den anreizbezogenen Motivatoren kann Motivation immer auch aus der Person selbst erwachsen (bedürfnistheoretischer Motivationsansatz) oder aber aus einer Widersprüchlichkeit oder Disharmonie resultieren (für einen genaueren Überblick siehe z. B. von Rosenstiel, 2015). Eine weitere, für die Arbeitswelt relevante Theorie ist die der Handlung zur Selbstverwirklichung, z. B. Tätigkeit für eine gemeinnützige Fundraising-Organisation. All diese Anreize und Motivatoren können für ein gewinnbringendes Mitarbeitergespräch mehr oder weniger gesteuert eingesetzt werden. Dies sollte allerdings nicht zu einem bloßen „Abhaken" einer Checkliste führen. Jedes Gespräch braucht eine angemessene Vorbereitung, damit die Inhalte authentisch an den Mitarbeiter weitergegeben werden können. Zudem wirkt der gleiche Anreiz auf verschiedene Mitarbeiter in der Regel unterschiedlich. Die vorgestellten Motivatoren finden sich auch in dem sog. High Performance Cycle bei Locke und Latham (vgl. z. B. Schmidt & Kleinbeck, 2006) wieder.

Was bewegt meinen Mitarbeiter wirklich, wie kann ich seine Erwartungen, Bedürfnisse und Motive richtig ansprechen und meine (Gesprächs-)Führung adäquat darauf einstellen? Diese Fragen beschäftigen zahlreiche Führungskräfte nicht nur in der Vorbereitung des turnusmäßigen Mitarbeitergesprächs, sondern auch im Führungsalltag. Ein erster sinnvoller Schritt zum erfolgreichen Mitarbeitergespräch besteht darin, eigene Erwartungen zu verdeutlichen. Nur wer als Vorgesetzter seine Erwartungen, seine Leistungs- und Kontrollmaßstäbe explizit macht, hat die Möglichkeit, diese mit den Erwartungen des Mitarbeiters abzugleichen. Für eine erfolgreiche Zusammenarbeit zwischen Mitarbeitern und Vorgesetztem ist es wichtig, dass der Vorgesetzte seine Kontrollmaßstäbe offenlegt, die sog. offene Kontrolle. Nur so können die Mitarbeiter in die Lage versetzt werden, sich selbst zu kontrollieren („Wer den Weg kennt, verläuft sich nicht."), was wichtig für die Vertrauensbildung zwischen Führungskraft und Mitarbeitern ist und nicht zuletzt den Vorgesetzten von Kontrollprozessen entlastet („Vertrauen ist gut, Kontrolle ist besser, Selbstkontrolle ist am besten."). Zugleich ist Offenheit bei den Kontrollmechanismen notwendig, um tiefgreifende Vertrauensstörungen zu vermeiden („Wie wir gestern Abend nach Öffnung Ihres Schreibtisches leider gemeinsam feststellen mussten ...").

Im Regelfall wird der Mitarbeiter bei zu großen Diskrepanzen zwischen den eigenen und den von Vorgesetzten bzw. der Organisation formulierten Erwartungen Widerspruch anmelden. In den meisten Fällen ist es jedoch ohnehin hilfreich, den Mitarbeiter auch direkt nach seinen Erwartungen zu fragen. Nur so lassen sich Fehlerwartungen identifizieren und ggf. korrigieren. Ansonsten wird der Tag des Mitarbeitergesprächs zum Datum für enttäuschte Erwartungen, gegenseitige Vorhaltungen, Frustration, innere Emigration oder Kündigung und Demotivation; was als „Dolf-Day" (Day of long faces) in manchem Unternehmen sprichwörtlich geworden ist.

Empfehlung: Schreiben Sie Ihren Mitarbeitern nicht ungefragt die gleichen Erwartungen und Motive zu, wie sie bei Ihnen persönlich vorliegen. Das kann im positiven wie im negativen Falle ins Auge gehen („Was ich denk und was ich tu, das trau ich auch den anderen zu.").

Die persönliche *Arbeitszufriedenheit* ist eng mit den Motiven eines Mitarbeiters und seiner Arbeitsmotivation verbunden. Scheffer und Kuhl (2006) fassen Kerndimensionen der Arbeitstätigkeit zusammen, die die Arbeitszufriedenheit aus motivationspsychologischer Perspektive bestimmen:
- Anforderungsvielfalt: Unterschiedliche Fähigkeiten und Fertigkeiten können eingesetzt werden.
- Ganzheitlichkeit: Mitarbeiter erkennen die Bedeutung und den Stellenwert ihrer Tätigkeit; Feedback ist verhaltensnah und konkret.
- Autonomie: Mitarbeiter machen die Erfahrung, einflussreich und von Bedeutung zu sein; es wird erwartet, dass sie Verantwortung übernehmen.
- Sinnhaftigkeit: Individuelle, organisationale und gesellschaftliche Werte stimmen überein (bzw. sind hinreichend kompatibel).
- Lern- und Entwicklungsmöglichkeiten: Qualifikationen werden weiterentwickelt, mentale Flexibilität wird gefördert, es werden Lernziele vereinbart.

Insbesondere das Gefühl, mit dem Vorgesetzten (keine) Probleme und Schwierigkeiten besprechen zu können, ist eine Achillesferse für die Beziehung und für den Grad der Zufriedenheit des Mitarbeiters und hat nicht zuletzt Rückwirkungen auf dessen Leistungen (vgl. Likert, 1961). Die Tendenz des Mitarbeiters, in Problemsituationen zu fehlen, korreliert hoch mit der vermuteten Bereitschaft des Vorgesetzten zum Gespräch – je höher die wohlgemerkt subjektiv eingeschätzte Bereitschaft einer Führungskraft hierzu ausfällt, desto weniger neigt ein Mitarbeiter zu *Absentismus* (siehe Abbildung 12, vgl. von Rosenstiel, 2015).

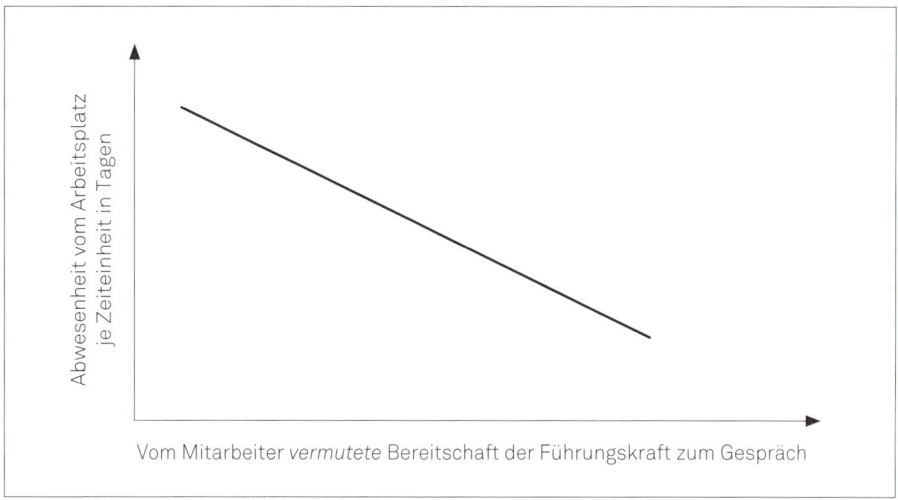

Abbildung 12: Zusammenhang zwischen vermuteter Gesprächsbereitschaft der Führungskraft und Absentismus des Mitarbeiters

Im Prozess, Erwartungen gegenseitig transparent zu machen, gilt es auch, *Fehlerwartungen* des Mitarbeiters zu korrigieren, obwohl der Vorgesetzte davon zunächst häufig profitiert. So wird sich ein Mitarbeiter, der sich – fälschlicherweise – Hoffnungen auf eine Umgruppierung macht, wahrscheinlich mächtig ins Zeug legen. Allerdings wird der betroffene Mitarbeiter irgendwann die der Führungskraft seit langem bekannte Tatsache als Botschaft erhalten, dass aus personalplanerischen Gründen schon von vornherein feststand, dass die Beförderung an *diesem* Standort nicht machbar war. Der Vorgesetzte hat als Unterlassungssünde den Mitarbeiter nicht informiert, vielleicht nicht zuletzt deshalb, weil er zunächst gut damit leben konnte. Ergebnis: Die Motivation des Betroffenen wird erst recht von diesem Vorgesetzten kaum noch erfolgversprechend möglich sein („Von dem nehme ich keine Scheibe Brot mehr.").

2.1.5 Bedeutung der Körpersprache

Vor allem in populärwissenschaftlichen Publikationen wird die Bedeutung körpersprachlicher Ausdrucksformen, wie etwa eine spezifische Sitzhaltung, teilweise in einem gewissermaßen lexikalischen Ansatz sehr differenziert betrachtet. So soll etwa aus spezifischen Sitzhaltungen geschlossen werden können, was den Mitarbeiter gerade bewegt. Derartige Ansätze eröffnen naturgemäß Fehldeutungen Tür und Tor. Allerdings ist die Bedeutung *nonverbaler Ausdrucksformen* keinesfalls zu unterschätzen. Sie entfalten eine gleichsam subkutane Wirkung, die den Gesprächspartnern jedoch vielfach nicht hinreichend bewusst wird. Insgesamt machen sie nahezu 80 % der gesamten Kommunikation aus. Obwohl für körpersprachliches Verhalten in der Regel ausgeprägte Sensoren existieren, fällt es in den meisten Fällen schwer, ihnen zielsicher eine bestimmte inhaltliche Bedeutung zuzuordnen. Zu den nonverbalen Kommunikationselementen zählen Mimik, Gestik, Stimme, Sprechweise, Blickkontakt, Körperhaltung und interpersonale Distanz, also der räumliche Abstand zwischen den Personen.

Die nonverbalen Elemente der Kommunikation verraten in der Regel mehr über den Sprecher, als ihm bewusst ist und bisweilen lieb sein kann (überblicksartig: Molcho, 2013). So lassen sich starke Gefühle wie Zorn, Wut oder Freude häufig nicht verbergen. Unterdrückte *Wut* zeigt sich beispielsweise in einer hohen und lauten Stimme; *Angst* führt etwa dazu, dass man sich häufiger verspricht. Der Blickkontakt gibt neben dem Ausdruck von Gefühlen auch Aufschluss über die Beziehung zwischen zwei Gesprächspartnern. Geht jemand offen in ein Gespräch, so sucht er in der Regel Blickkontakt zu seinem Gegenüber. Es finden sich allerdings auch Gewohnheiten im Blickkontakt bestimmter Personen, die z. B. durch kulturelle Spezifika begründet sein können, sodass man hinsichtlich allgemeingültiger Interpretationen Vorsicht walten lassen sollte. Gar nicht nachdrücklich genug kann auf die Problematik der *Interkulturalität* in diesem Zusammenhang hingewiesen werden (siehe dazu auch Abschnitt 3.2.3). So ist die Bedeutung bestimmter Gesten nicht nur in Asien, sondern bereits in sehr viel enger verwandten Kulturen vielfach unterschiedlich (vgl. dazu auch die Buchreihe zur „Handlungskompetenz im Ausland", z. B. Schmid & Thomas, 2003).

Im berufsbezogenen Kontext des MAGs ist der Aspekt der *Stimmigkeit* besonders zentral: Passen Inhalt, Form und Anlass des Gesagten zusammen? Wenn sich Zweifel an den sachlich vermeintlich unangreifbaren Aussagen des Gesprächspartners ergeben, sind hierfür die Gründe vielfach auf der nonverbalen Ebene zu suchen, da etwa versteckte Signale Zweifel an der Aufrichtigkeit des Gesprächspartners auslösen können („Schön, dass wir heute zum Mitarbeitergespräch zusammengekommen sind und in Ruhe über Ihre Entwicklung reden können." – Mit einem genervten Gesichtsausdruck und dem ständigen Blick auf die Uhr drückt dieser Satz eher einen gegenteiligen Inhalt aus). Insofern sind körpersprachliche Signale eng mit der Gefühlsebene verknüpft und es gilt, dem anderen nicht die „kalte Schulter" zu zeigen.

2.2 Feedback

Feedback ist nicht gleichbedeutend mit Kritik. „Dem werde ich jetzt mal Rückmeldung geben" mag bei manchem Vorgesetzten mit Kritik gleichgesetzt sein. Feedback bedeutet auch positives, erwünschtes Verhalten anzusprechen und zu verstärken.

Ein unerlässlicher Bestandteil des MAGs ist nicht zuletzt auch das wechselseitige Feedback. Es bietet im Sinne der *Metakommunikation* (vgl. Abschnitt 2.1.1) die Möglichkeit, Mitarbeiter fachlich und persönlich zu fördern oder Konflikte zu lösen und die Zusammenarbeit durch Stärkung von Vertrauen und Wir-Gefühl dauerhaft zu verbessern. Durch die große Bedeutung, die dem Feedback auch seitens der Mitarbeiter zugeschrieben wird, besteht allerdings die Gefahr, dass bei unzuträglicher Anwendung die gewünschten Ziele verfehlt werden. Um eine Demotivation des Mitarbeiters zu vermeiden, sollten verschiedene Grundregeln für das *Geben von Feedback* beachtet werden:

- *Angemessenheit:* Feedback sollte dem gezeigten Verhalten, den erbrachten Leistungen und der kognitiven Struktur des Empfängers angemessen sein.

> **Empfehlung:** Passen Sie die Informationen im Feedbackprozess den Fähigkeiten und Bedürfnissen des Empfängers an. Formulieren Sie adressatengerecht: Stellen Sie sich möglichst auf den Sprachduktus der Person ein, bei der Sie Gehör finden wollen.

- *Fokus:* Feedback sollte spezifisch sein, Ablenkungen sollten vermieden werden, Feedback sollte sich eindeutig auf die erwartbare bzw. vereinbarte Leistung beziehen.

> **Empfehlung:** Konzentrieren Sie sich auf das Verhalten, nicht auf die Person als Ganzes. Vermeiden Sie gemischte Botschaften (z. B. „Das ... war ja ganz gut, aber ..."). Eine Überforderung des Gesprächspartners sollte unterbleiben. Berücksichtigen Sie dessen Aufnahmefähigkeit.

- *Timing:* Feedback sollte dann gegeben werden, wenn es für den Empfänger hilfreich, sinnvoll und nützlich ist.

> **Empfehlung:** Geben Sie Rückmeldungen, wenn der Empfänger auch eine Chance zur Umsetzung hat. Geben Sie häufig genug Feedback (day-to-day-Feedback), um Fehlentwicklungen nicht entstehen zu lassen und grobe Fehler zu vermeiden bzw. um Fehler nicht zu perpetuieren. Auf der anderen Seite gelingt es in vielen Fällen durch anerkennende positive Verstärkung, Mitarbeiter zu „Wiederholungstätern" im positiven Sinne zu machen.

Man kann beim Feedback zudem zwischen summativem und formativem Feedback unterscheiden. Unter *summativem Feedback* versteht man eine Rückmeldung nach Beendigung einer Aufgabe bzw. eines festgelegten Intervalls. *Formatives Feedback* hingegen meint eine kontinuierliche Sammlung von Beobachtungen, eine Rückmeldung im Laufe des Prozesses, was zu dessen direkter Verbesserung beitragen soll. Tabelle 4 vergleicht differenzierende Aspekte beider Arten von Feedback.

Tabelle 4: Charakterisierung von eher summativem und eher formativem Feedback (vgl. Tosti, 2001)

	Summatives Feedback	Formatives Feedback
Definition	Information für den Empfänger, dessen Leistungen bewertet werden sollen	Information für den Empfänger, mittels der er erfahren kann, wie er seine Leistungen erhöhen kann
Zweck (Warum?)	Die Quantität der Leistung beeinflussen: Bestärken/Anerkennen	Die Qualität der Leistung beeinflussen: Entwickeln/Qualifizieren
Empfängerbedürfnisse (Wer?)	Muss den motivationalen Bedürfnissen und Erwartungen des Empfängers angemessen sein – seinem Empfinden für positive oder negative Anreize entsprechen	Muss den Entwicklungsbedürfnissen des Empfängers angemessen sein – seinen Fähigkeiten und seinem Wissen entsprechen
Leistungsbedürfnisse (Was?)	Muss auf die spezifischen Leistungen, die beeinflusst werden sollen, fokussiert sein, muss der Mühe und/oder dem Wert der Leistung angemessen sein	Muss auf die spezifischen Leistungen, die den Empfänger beeinflussen, fokussiert sein
Lokation (Wo?)	Kann sowohl unter vier Augen als auch in Gegenwart anderer gegeben werden; Wirkung ist häufig größer, wenn es öffentlich gegeben wird (Nebenwirkungen sind jedoch einzukalkulieren)	Wird am besten unter vier Augen gegeben; Wirkung wird abgeschwächt oder unkalkulierbar, wenn es in Gegenwart anderer erfolgt
Zeitrahmen (Wann?)	Meist am effektivsten, wenn es möglichst bald nach der Leistungserbringung gegeben wird	Meist am effektivsten, wenn es kurz vor der nächsten Gelegenheit gegeben wird, die Tätigkeit auszuführen

Im Mitarbeitergespräch hat sich die Orientierung an expliziten sog. *Feedbackregeln* als hilfreich erwiesen (siehe Kasten auf Seite 38 und in leicht gekürzter Form auf der beiliegenden Karte). Selbstverständlich kann die wechselseitige Kommunikation auf dieser Basis nicht völlig stringent oder gar sklavisch erfolgen („Lieber Herr Vorgesetzter, jetzt haben Sie mir aber etwas gesagt, was der Feedbackregel 3b gar nicht entspricht. Und schauen Sie doch mal hier auf meine Seminarunterlage: Es ist wirklich so."). Gleichwohl empfiehlt sich zumindest für die Etablierung einer guten Gesprächsbeziehung die angemessene Berücksichtigung der Feedbackregeln, wohingegen sie bei langjähriger erfolgreicher Zusammenarbeit so verinnerlicht sein sollten, dass eine Explikation eher überflüssig ist.

Feedbackregeln (zum Umgang mit Rückmeldungen)

Rückmeldungen dienen dem Ziel, Mitarbeiter, Kollegen oder auch Vorgesetzte darüber zu informieren, wie ihr Handeln von anderen wahrgenommen, erlebt und/oder bewertet wird.

Voraussetzung für die Entwicklung einer zuträglichen Feedbackkultur ist ein von Vertrauen und Offenheit geprägter zwischenmenschlicher Umgang. Ob das Feedback förderlich oder eher abträglich ist, hängt stark von der Art und Weise ab, wie es „rübergebracht" wird. Dazu gehört auch, dass Rückmeldungen mit dem Ziel der Verhaltensänderung oder -stabilisierung nur zu Bereichen gegeben werden sollten, die einer Veränderung prinzipiell zugänglich sind.

Empfehlungen für das Geben von Feedback

- Verhaltensweisen und Handlungen sind lediglich zu beschreiben, Bewertungen – auch implizit – sollten unterbleiben.
- Rückmeldungen sind konkret auf abgrenzbares Verhalten in bestimmten Situationen zu beziehen – nicht auf die Person und deren Verhalten als Gesamtheit.
- Feedback sollte möglichst zeitnah zu den jeweiligen Wahrnehmungen und Empfindungen – nicht irgendwann später im Sinne einer „Abrechnung" – gegeben werden.
- Hilfreich ist zu beschreiben, welche Gefühle das Verhalten ausgelöst hat und wie es gewirkt hat (z. B. „Ich habe ... beobachtet, und das hat auf mich folgenden Eindruck gemacht: ..."). Pauschale Diagnosen wie „Ihnen fehlt es offenbar an Zivilcourage" oder „Sie haben sich wohl nicht im Griff" sind zu vermeiden.
- Formulierungen sollten umkehrbar sein, d. h. so, wie man es auch dem Gesprächspartner (hierarchieübergreifend!) gern gestatten würde zu formulieren.
- Adressaten bzw. Empfänger sind nach Möglichkeit direkt anzusprechen. Feedback sollte nicht über Dritte weitergegeben werden. (Man sollte nicht über andere reden, sondern verstärkt mit ihnen.)
- *Wichtig:* Konzentrieren Sie sich beim Geben von Feedback nicht nur auf negative Aspekte (Defizite, Fehler und Unzulänglichkeiten), sondern gleichermaßen auch auf positive Aspekte (Erfolge, Gelungenes und Stärken). Beachten Sie dabei, dass die positiven Aspekte nicht lediglich genannt werden, um die Akzeptanz für negative Kritik zu erhöhen (Ja-aber-Technik, Salami-Taktik).

> **Empfehlungen für das Entgegennehmen von Feedback**
>
> - Hören Sie aufmerksam zu. Fragen Sie (ggf. mehrfach) nach und klären Sie, was für Sie noch nicht hinreichend deutlich geworden ist.
> - Argumentieren Sie nicht sofort. Versuchen Sie nicht direkt, sich zu verteidigen bzw. zu rechtfertigen und die Gründe für Ihr eigenes Verhalten darzulegen.
> - Nehmen Sie sich ausreichend Zeit, um in Ruhe über das Feedback nachzudenken.
> - Teilen Sie dem anderen Ihre Gefühle (Unmut, Freude, Betroffenheit) mit, die die Rückmeldung bei Ihnen ausgelöst hat. Informieren Sie den Gesprächspartner – mit zeitlichem Abstand – darüber, welche Schlussfolgerungen/Konsequenzen Sie daraus ziehen.

Neben den klassischen Feedbackregeln gibt es – wenngleich nicht unumstritten – Erkenntnisse aus dem Bereich Neuroleadership, d.h. der Anwendung von neuropsychologischen Erkenntnissen auf bestehende Managementtechniken, die die Effektivität von Feedback unterstützen können. Basis hierfür ist das *SCARF-Modell*, das Rock (2008) auf drei grundlegenden Annahmen aufgebaut hat:
1. Das menschliche Gehirn reagiert auf soziale Bedrohungen und Belohnungen genauso wie auf physische.
2. Die Fähigkeit, Entscheidungen zu treffen, Probleme zu lösen und mit anderen zu kooperieren, ist im Falle einer Bedrohung begrenzt.
3. Die Reaktion auf eine Bedrohung ist stärker als die auf Belohnungen, entsprechend gilt es, diese in sozialen Interaktionen zu minimieren.

Das Modell umfasst fünf Felder, für die in Studien nachgewiesen wurde, dass sie ähnliche physische Reaktionen wie Belohnung in Form von Geld oder körperliche Schmerzen hervorrufen: Status (S), Gewissheit (C), Autonomie (A), Verbundenheit (R) und Fairness (F). Schafft man es, im Rahmen von Feedback keine Bedrohungslage für den Feedbacknehmer in einem dieser Felder zu erzeugen, erhöht man die Chance, dass das Feedback auch angenommen und im besten Fall umgesetzt wird. Der Status kann beispielsweise durch positives Feedback erhöht werden. Zudem fühlen Mitarbeiter eine Statuserhöhung, wenn sie das Gefühl haben, dass sie lernen, sich selbst zu verbessern und dies auch wahrgenommen wird. Dies kann man durch formatives Feedback unterstützen.

Feedback eröffnet Chancen, positive Verhaltensweisen zu stabilisieren und auszubauen, da diese durch Anerkennung verstärkt werden. Es kann zudem helfen, Verhaltensweisen, die unangemessen oder nicht wünschenswert sind, zu korrigieren. Feedback fördert die Beziehungsklärung und das wechselseitige

Verständnis von Personen und optimiert auf diese Weise zudem das Leistungsergebnis, was sich letztlich auch in einer besseren Leistungsbeurteilung niederschlägt. Vielfach hat sich bewährt, gemeinsam mit dem Mitarbeiter auf Basis von dessen Vorschlägen zu erarbeiten, wie künftiges Verhalten aussehen könnte bzw. sollte.

> **Feedforward und Feedback: Worin liegt der Unterschied?**
>
> **Ist Feedback wirksam? Wenn ja, unter welchen Bedingungen trägt es zur Steigerung der Leistung bei?**
>
> Mit dieser Frage haben sich viele wissenschaftliche Studien auseinandergesetzt, mit nicht unbedingt eindeutigen Ergebnissen. Balcazar, Hopkins und Suarez (1985) haben 126 Studien zum Zusammenhang zwischen Feedback und Leistung ausgewertet und ziehen folgenden Schluss: Feedback verbessert nicht unter allen Umständen die Leistung des Feedbackempfängers. Die spezifische Ausgestaltung macht den Unterschied. So führt z. B. die klare Vereinbarung von Zielen dazu, die Effektivität von Feedback zu steigern. Auch fanden sie heraus, dass Feedback, das von Führungskräften gegeben wird, wirksamer ist als jenes von Kolleginnen und Kollegen, wenn das Feedback das Ziel hat, die Leistung des Feedbackempfängers zu fördern. Eine grundlegende Metastudie von Alvero, Bucklin und Austin (2001) bestätigt im Wesentlichen die Ergebnisse der früheren Metaanalysen.
>
> **Kann eine nach vorne gerichtete „Rück"meldung, „Feedforward" genannt, ein Ansatz sein, Leistung und Verhalten wirksamer zu fördern?**
>
> Der Begriff *Feedforward* geht laut verschiedenen Quellen wohl auf den Trainer und Berater Marshall Goldsmith zurück. Feedback wirkt sich dann positiv aus, wenn es in die Zukunft gerichtet ist – daher Feedforward statt Feedback: Statt Rückmeldung zu bisheriger Leistung und Verhalten zu geben, werden konkrete Veränderungsmöglichkeiten für die Zukunft aufgezeigt. Diese Vorgehensweise kommt einem coachenden Führungsstil sehr nahe. Tabelle 5 zeigt das Kontinuum von Feedback über Feedforward bis hin zu coachender Führung auf.

Tabelle 5: Unterschiede zwischen Feedback, Feedforward und coachender Führung

	Feedback	Feedforward	coachende Führung
Aus wessen Perspektive wird das Gespräch hauptsächlich geführt?	Führungskraft	Führungskraft und Mitarbeiter	Mitarbeiter
Wer setzt hauptsächlich die Ziele für Arbeit und Zusammenarbeit?	Führungskraft	Führungskraft und Mitarbeiter	Mitarbeiter in Abstimmung mit der Führungskraft
Welche Motivation wird angesprochen und welcher Effekt über die Zeit wird erwartet?	Überwiegend extrinsische Motivation mit kurzfristigem Effekt	Extrinsische und intrinsische Motivation mit mittel- bis langfristigem Effekt	Überwiegend intrinsische Motivation mit langfristigem Effekt
Zeitlicher Bezug des Feedbacks bzw. Feedforwards	Bezieht sich auf vergangenes Verhalten und wie dieses hätte besser sein können	Bezieht sich auf künftiges Verhalten und wie dieses wirksamer sein könnte	
Orientierung	Defizitorientierung	Ressourcenorientierung	

Goldsmith (2007) erläutert in 10 Punkten, wie Feedforward funktioniert und wie es sich vom Feedback in der Wirkung unterscheidet:
- Wir können die Zukunft beeinflussen, nicht die Vergangenheit.
- Feedforward ist besonders geeignet für bereits erfolgreiche Personen.
- Feedforward kann von jedem kommen, der etwas von der Aufgabe versteht. Es bedarf nicht unbedingt der persönlichen Erfahrung mit der Person.
- Feedforward wird im Vergleich zu Feedback deutlich weniger als Angriff oder Kränkung empfunden.
- Feedback kann negative selbsterfüllende Prophezeiungen auslösen und Stereotype verfestigen.
- Die meisten von uns mögen kein negatives Feedback empfangen und auch keines geben.
- Das „Ausgangsmaterial" für Feedforward kann durchaus dasselbe sein wie das für Feedback.
- Feedforward ist in der Regel schneller und effizienter als Feedback.
- Feedforward ist ein geeignetes Instrument für den Dialog mit Vorgesetzten, Kollegen und Mitarbeitern.
- Dem Feedforward scheint aufmerksamer zugehört zu werden als dem Feedback.

> **Ein Praxistipp fürs MAG:** Stellen Sie dem Mitarbeiter im MAG die Frage: Was benötigen Sie von mir in der Zusammenarbeit, um Ihre Aufgaben gut erfüllen zu können? (Wobei es hier nicht um ein „Wunschkonzert" geht, sondern um konkretes Verhalten der Führungskraft, das dem Mitarbeiter bei der Erfüllung der anstehenden Aufgaben und Ziele helfen könnte).

Mit Feedforward ändert sich Grundhaltung und Motivation, mit der eine Rückmeldung gegeben wird (siehe dazu auch das Fallbeispiel in Abschnitt 5.1). Statt rückwirkend zu bewerten, was gut oder schlecht war (und ohnehin nicht mehr zu ändern ist), fokussiert sich das Gespräch auf konkrete Verbesserungsmöglichkeiten für künftige Aufgaben und Situationen. Die zentrale Frage ist: Wie kann ich mein Verhalten konkret verändern, um meine Aufgaben besser, schneller, einfacher und effizienter zu erfüllen? Insofern wird durch den Feedforward-Ansatz das klassische Feedback erweitert und hilft insbesondere in der Praxis des MAGs, sich stärker zukunftsorientiert auszurichten.

3 Analyse und Maßnahmenempfehlung

3.1 Das Mitarbeitergespräch als Instrument oder als Philosophie des Umgangs miteinander

Vorgesetzte sollten sich vor dem Mitarbeitergespräch, aber auch vor jedem anderen Gespräch über folgende Aspekte Klarheit verschaffen:
- Jeder konstruiert sich seine Welt, d.h. die individuelle, persönliche Sicht der Dinge so, wie er sie selbst nach bestem Wissen und Gewissen für richtig hält.
- Ein Anführer (Vorgesetzter) ist einer, der andere unendlich nötig hat (Saint-Exupéry, 2014).

Wer Menschen führen will, muss zuerst sich selbst führen, d.h. er sollte wissen, wohin er will. Gemäß *Theorie X und Theorie Y* (vgl. Abschnitt 2.1.3) werden dem Mitarbeiter im Umgang und damit vor allem im Gespräch die grundsätzlichen *Werthaltungen* des Vorgesetzten deutlich. Für die Mitarbeiter sind in diesem Kontext vor allem zwei Fragen von besonderer Bedeutung:
1. Was hält mein Vorgesetzter von mir? (Hält er mich für unfähig oder traut er mir etwas Positives zu?) – Kernaspekt: Wertschätzung
2. Kann ich ihm vertrauen und glauben? (Stimmt das, was er mir sagt?) – Kernaspekt: Wahrheit

Beide Fragen werden ohnehin implizit im Gespräch geklärt, da sich der Grad der *Authentizität* des Vorgesetzten hier zentral vermittelt. Authentizität ist im engeren Sinne wohl kaum erlernbar, gleichwohl ist es – zumindest in Ansätzen – sicherlich möglich, dass eine Führungskraft im Rahmen der persönlichen Weiterentwicklung ihre Authentizitätswirkung und damit deren Wahrnehmung durch die Mitarbeiter verbessert.

Hier wird deutlich, dass die Sachebene für die erfolgreiche Gestaltung des Umgangs miteinander i.d.R. nicht der Engpass ist. Vielmehr geht es meist um die beiden sozialen Hauptanliegen des Menschen: „Macht" (also z.B. Dominanz, Überlegenheit, höherer sozialer Status, kämpferisches Verhalten) und „Liebe" (also z.B. Akzeptanz, Wertschätzung, positive emotionale Zuwendung, Nähe, Vertrauen; Sarges, 1995).

> **Exkurs: Zur Weiterentwicklung von Führungskräften**
>
> Letztlich ist jede Weiterentwicklung notwendigerweise auch mit einem Reifungseffekt, d.h. der Nachreifung, der Festigung oder der Ausdifferenzierung der Persönlichkeit, verbunden. Häufig wird erwartet, dass sich ein Vorgesetzter in unterschiedlichen Settings auch unterschiedlich verhält. Selbstverständlich

ist diese Anforderung unstrittig, insoweit es um die Verhaltensadäquatheit im Rahmen der situationsangemessenen Adaptation geht (eine Jubiläumsansprache ist grundlegend anders zu halten als die Verkündigung der Schließung einer Produktionsstätte).

Allerdings besteht hierbei die Gefahr, dass sich der Vorgesetzte auf ein Bündel von Rollenerwartungen reduziert. Eine gemeinsame Handschrift des Handelns sollte für die Interaktionspartner stets identifizierbar bleiben. Ansonsten wird der Vorgesetzte als unberechenbar und unkalkulierbar erlebt, was den Mitarbeitern jede Handlungssicherheit raubt. Zudem erwarten Geführte in der Regel ein gewisses Maß an „Reife" von ihrem Vorgesetzten. Hierzu gehört z. B., die eigene Person realitätsgerecht wahrzunehmen sowie eine angemessene Balance zwischen dem Sich-Fügen in betriebliche Notwendigkeiten und dem Kämpfen für Gestaltungsspielräume für sich selbst, seinen Verantwortungsbereich und die unterstellten Mitarbeiter. Der hierfür erforderliche Selbstreflexionsprozess kann im Übrigen in einschlägigen Führungskräftetrainings nicht entwickelt werden, wenn lediglich „Schnell-Besohlungen" z. B. in halbtägigen Impulsen erfolgen.

Darüber hinaus ist zu berücksichtigen, dass Persönlichkeitseigenschaften existieren, die mit zunehmendem Alter stabiler werden und damit einer Veränderung nur schwer zugänglich sind (vgl. Hossiep & Mühlhaus, 2015).

Diversität im Mitarbeitergespräch

Diversity Management ist ein wichtiges Thema in zahlreichen Organisationen, um auf unvermeidliche Komplexität möglichst angemessen zu reagieren und im besten Fall einen Mehrwert für die jeweilige Organisation zu erzeugen. Organisationen müssen sich hierbei mit Kinne (2016, S. 2) fragen, was *Diversity* für sie bedeutet – ist es „Ausdruck einer Haltung, Werkzeug zur Kosten-Nutzenoptimierung, Potenzialentwicklung, Markterweiterung, Verbesserung der Lösungskompetenz oder ein Mix aus diesen Motiven?"

Für Mitarbeitergespräche besteht die Relevanz zum einen in der Berücksichtigung der Vielfältigkeit der Mitarbeiter und ihrer soziokulturellen Wurzeln in der Struktur und Ausgestaltung des Gesprächs, zum anderen in der Thematisierung von Diversity im Gespräch. Dabei ist zu beachten, dass Vielfalt an sich kein Selbstzweck sein sollte, sondern dass das Ziel ist, diese Vielfalt nutzbringend zu gestalten (vgl. Regnet, 2017).

Um die Wichtigkeit von Diversity im Unternehmen präsent zu halten, bietet sich an, dieses Thema in Form fester Agendapunkte in Mitarbeitergespräche aufzunehmen (siehe hierzu Berger & Dietz, 2016). Auf diese Weise wird Transparenz erzeugt und Verständnis für das Thema gefördert. Weiterhin unterstreicht die Einbettung in das Mitarbeitergespräch die Bedeutung für die Organisation im Sinne einer Selbstverpflichtung. Vor diesem Hintergrund ist deutlich zu empfehlen, Leitfäden, Kriterienkataloge und ähnliche Dokumente entsprechend zu ergänzen (vgl. auch Industrie- und Handelskammern in Bayern, 2017).

3.2   Einführung des Mitarbeitergesprächs

3.2.1   Rechtliche Rahmenbedingungen

Bei der Implementierung, aber auch bei der täglichen Praxis des Mitarbeitergesprächs sind verschiedene rechtliche Rahmenbedingungen zu beachten, abhängig davon, ob wie im öffentlichen Dienst das Landes- bzw. Bundespersonalvertretungsrecht oder in der sog. freien Wirtschaft das Betriebsverfassungsrecht anzuwenden ist.

Das für den öffentlichen Dienst gültige *Bundespersonalvertretungsgesetz* (BPersVG) sieht hierzu die einschlägigen Paragraphen 94, 96 bis 98 sowie 75 vor (siehe dazu Hinrichs, 2009). Die im BPersVG dokumentierten Regelungen und die daraus resultierenden Herangehensweisen sind üblicherweise gut dokumentiert und im Internet frei verfügbar.

Breisig (2005) gibt zahlreiche Hinweise hinsichtlich rechtlich relevanter Regelungen zum Gespräch und zur Gesprächsführung insbesondere mit Blick auf die Mitbestimmungspflicht im öffentlichen Dienst. Einen Überblick über relevante Paragraphen des *Betriebsverfassungsgesetzes* (BetrVG) gibt Tabelle 6 auf den beiden folgenden Seiten. Für die Implementierung und Praxis des Mitarbeitergesprächs sind vor allem die Paragraphen 81 bis 84 und 94 von Bedeutung.

Tabelle 6: Relevante Paragraphen des Betriebsverfassungsgesetzes zum Handlungsspielraum des Betriebsrates und zu Individualrechten der Mitarbeiter

BetrVG	Bezeichnung	Inhalt
§75	Grundsätze für die Behandlung der Betriebsangehörigen	Regelt die Pflicht von Arbeitgeber und Betriebsrat (BR), die freie Entfaltung der Persönlichkeit der Arbeitnehmer zu schützen und zu fördern.
§80	Allgemeine Aufgaben	Regelt u.a. die Aufgaben des BR, wie die Zuständigkeit des BR, Maßnahmen, die Betrieb und Belegschaft dienen, zu beantragen und ihre Durchsetzung sicherzustellen sowie den Informationsanspruch des BR z.B. bei Mitarbeiterführungsgesprächen.
§81	Unterrichtungs- und Erörterungspflicht des Arbeitgebers	Regelt u.a. die Pflicht des Arbeitgebers, den Arbeitnehmer über die Art seiner Tätigkeit und Unfall- und Gesundheitsgefahren zu informieren.
§82	Anhörungs- und Erörterungsrecht des Arbeitnehmers	Regelt u.a. den Anspruch von Mitarbeitern auf die Erläuterung der Beurteilung ihrer Leistung.
§83	Einsicht in die Personalakten	Gibt dem Arbeitnehmer das Recht, Einsicht in seine Personalakte zu nehmen und Erklärungen abzugeben.
§84	Beschwerderecht	Regelt das Recht des Mitarbeiters, Beschwerde bei den zuständigen Stellen einzureichen, und die Mitteilungspflicht des Arbeitgebers über den Stand der Beschwerde.
§85	Behandlung von Beschwerden durch den Betriebsrat	Regelt u.a. das Recht des Mitarbeiters, Beschwerden beim BR einzureichen und über den BR abzuwickeln.
§86	Ergänzende Vereinbarungen	Verweist darauf, dass Einzelheiten des Beschwerdeverfahrens im Tarifvertrag oder einer Betriebsvereinbarung geregelt sein können.
§86a		Verweist auf das Recht der Arbeitnehmer, dem BR Themen zur Beratung vorzuschlagen.
§87	Mitbestimmungsrechte	Regelt die Angelegenheiten, bei denen der Betriebsrat mitbestimmen kann.
§92	Personalplanung	Regelt u.a., dass der Arbeitgeber den BR über die Personalplanung und Personalentwicklungsinstrumente informieren muss. Zusätzlich kann der BR Vorschläge machen.

Tabelle 6: Fortsetzung

BetrVG	Bezeichnung	Inhalt
§94	Personalfragebogen, Beurteilungsgrundsätze	Regelt das Mitbestimmungsrecht des BR bei der Entwicklung der Grundsätze und Verfahren für die Personalbeurteilung.
§95	Auswahlrichtlinien	Gibt dem BR ein Mitbestimmungsrecht bei der Aufstellung von Auswahlrichtlinien für Stellenbesetzungen und Versetzungen.
§98	Durchführung betrieblicher Bildungsmaßnahmen	Regelt die Mitbestimmung des BR bei der Durchführung betrieblicher Berufsbildung.

Die relevanten Bestimmungen des Betriebsverfassungsgesetzes gewinnen ihre Bedeutung im Kontext mit den festgeschriebenen Aufgaben der *Arbeitnehmervertretungen* in Paragraph 80 BetrVG, die erfahrungsgemäß Vorgesetzten weithin nicht bekannt sind. Vor diesem Hintergrund werden im Kasten die allgemeinen Aufgaben des Betriebsrates dargestellt, die insbesondere im nicht seltenen Konfliktfall relevant sind.

> **Der Betriebsrat hat folgende allgemeine Aufgaben (BetrVG § 80 Abs. 1):**
>
> 1. darüber zu wachen, dass die zugunsten der Arbeitnehmer geltenden Gesetze, Verordnungen, Unfallverhütungsvorschriften, Tarifverträge und Betriebsvereinbarungen durchgeführt werden;
> 2. Maßnahmen, die dem Betrieb und der Belegschaft dienen, beim Arbeitgeber zu beantragen;
> 2.a die Durchsetzung der tatsächlichen Gleichstellung von Frauen und Männern, insbesondere bei der Einstellung, Beschäftigung, Aus-, Fort- und Weiterbildung und dem beruflichen Aufstieg, zu fördern;
> 2.b die Vereinbarkeit von Familie und Erwerbstätigkeit zu fördern;
> 3. Anregungen von Arbeitnehmern und der Jugend- und Auszubildendenvertretung entgegenzunehmen und, falls sie berechtigt erscheinen, durch Verhandlungen mit dem Arbeitgeber auf eine Erledigung hinzuwirken; er hat die betreffenden Arbeitnehmer über den Stand und das Ergebnis der Verhandlungen zu unterrichten;
> 4. die Eingliederung schwerbehinderter Menschen einschließlich der Förderung des Abschlusses von Inklusionsvereinbarungen nach § 166 des Neunten Buches Sozialgesetzbuch und sonstiger besonders schutzbedürftiger Personen zu fördern;
> 5. die Wahl einer Jugend- und Auszubildendenvertretung vorzubereiten und durchzuführen und mit dieser zur Förderung der Belange der in § 60 Abs. 1 genannten Arbeitnehmer eng zusammenzuarbeiten; er kann von der Jugend- und Auszubildendenvertretung Vorschläge und Stellungnahmen anfordern;
> 6. die Beschäftigung älterer Arbeitnehmer im Betrieb zu fördern;

> 7. die Integration ausländischer Arbeitnehmer im Betrieb und das Verständnis zwischen ihnen und den deutschen Arbeitnehmern zu fördern, sowie Maßnahmen zur Bekämpfung von Rassismus und Fremdenfeindlichkeit im Betrieb zu beantragen;
> 8. die Beschäftigung im Betrieb zu fördern und zu sichern;
> 9. Maßnahmen des Arbeitsschutzes und des betrieblichen Umweltschutzes zu fördern.

Eine Frage, die sich gelegentlich vor einem Mitarbeitergespräch stellt, lautet: „Kann ein Betriebsratsvertreter oder ein anderer Mitarbeiter des Vertrauens zum MAG hinzugezogen werden?" – Grundsätzlich ist das Mitarbeitergespräch als ein dyadisches Gespräch zu betrachten, d. h. es findet in der Regel lediglich zwischen zwei Personen statt. Hierbei geht es um die einzigartige Führungssituation zwischen einem Vorgesetzten und einem seiner direkt zugeordneten Mitarbeiter. Bei diesem vertraulichen Gespräch haben Dritte vom Grundsatz her nichts verloren. Ein Hinzuziehen Dritter, sei es durch den Vorgesetzten oder den Mitarbeiter, verändert den Charakter des Gesprächs massiv. Daher raten die meisten Fachleute davon ab. Allerdings ist nicht zu verkennen, dass die Frage „Kann ich einen Betriebsratsvertreter oder einen anderen Mitarbeiter meines Vertrauens zum MAG mitbringen?" einen vehementen Signalcharakter hat. Sie deutet mehr als dezent an, dass der Mitarbeiter dem Gespräch mit (begründeten oder unbegründeten) Befürchtungen entgegensieht. Es empfiehlt sich für den Vorgesetzten, diese Befürchtungen zu thematisieren und in einem Gespräch im Vorfeld des Mitarbeitergesprächs nach Möglichkeit auszuräumen.

Gelingt eine einvernehmliche Klärung nicht, so mag es ratsam sein, dem Wunsch des Mitarbeiters zu entsprechen. Hierbei sind jedoch enge Rahmenbedingungen zu setzen. Ein neutraler Dritter, der nur im Notfall für den Mitarbeiter sprechen sollte, kann und muss einschreiten, wenn er die Grundsätze eines korrekten MAGs von einer der Seiten verletzt sieht. Eine Sprachrohrfunktion für den Mitarbeiter oder für kollektive Ansichten sollte er nicht haben. Es ist ratsam, in einem solchen Dreiergespräch die Frage nach Befürchtungen und Unbehagen an den Anfang zu stellen und nach einer gewissen Gesprächsdauer (spätestens am Ende des Gesprächs) die Frage aufzunehmen, ob ein Dritter auch künftig anwesend sein sollte. Die meisten Führungskräfte berichten, dass dieser Wunsch dann meist nicht mehr besteht. Offen bleibt an dieser Stelle die Frage, ob der vorgeordnete Gesprächspartner seinerseits auch eine Person seines Vertrauens hinzuziehen darf (z. B. einen Mitarbeiter der Personalabteilung oder seinen Vorgesetzten). In einem Ratgeber des Bundesverwaltungsamtes (2004, S. 2) findet sich folgende Aussage: „Das Jahresgespräch wird als Vier-Augen-Gespräch zwischen den Vorgesetzten und ihren jeweiligen Mitarbeiterinnen und Mitarbeitern geführt. Auf Wunsch eines der beiden Gesprächspartner kann eine Vertrauensperson aus dem Kreis der Personalvertretungen, der Gleichstellungsbeauftragten, der Schwerbehindertenvertretung oder der Sozialberatung hinzugezogen werden."

In jeder Organisation, in der das Mitarbeitergespräch institutionalisiert wird bzw. ist, ist auch eine entsprechende *Betriebsvereinbarung* zu treffen. In dieser sind die Rahmenbedingungen über die Anwendung des Mitarbeitergesprächs im Unternehmen festzulegen. Folgend werden die wesentlichen Gliederungspunkte einer solchen Vereinbarung dargestellt (in Anlehnung an Hinrichs, 2009).

> **Gestaltungsraster für eine Rahmenvereinbarung über die Anwendung des Mitarbeitergesprächs in einer Organisation**
>
> 1. *Präambel:* Einleitende Worte über Gründe, Ziele und Nutzen der Einführung und des Einsatzes von Mitarbeitergesprächen
> 2. *Zielsetzung des Verfahrens:* Abgrenzung des Mitarbeitergesprächs von anderen Führungsinstrumenten, Aufzeigen der Kernziele Personalführung und -förderung
> 3. *Grundsätze und administrative Abwicklung:* Festlegung der Mitarbeiter, für die die Rahmenvereinbarung verbindlich ist, Gesprächsstruktur
> 4. *Zielvereinbarung und Evaluation der Ziele:* Zahl, Art, Qualität und Gewichtung von Zielen, Zielkorrektur und Erfolgskontrolle
> 5. *Personeller Rahmen, Turnus und Anlässe:* Festlegung aller organisatorischen Rahmenbedingungen und möglicher Anlässe für ein Mitarbeitergespräch
> 6. *Unterschriften:* Festlegung der Bedeutung der Unterschrift nur als Bestätigung der Gesprächsführung, nicht als Zustimmung oder Anerkennung eventueller Ergebnisse und Folgerungen
> 7. *Konfliktregelung:* Ausdrücklicher Hinweis darauf, dass auch bestehende Konflikte im Mitarbeitergespräch angesprochen werden sollen
> 8. *Dokumentation, Datenverarbeitung und Datenschutz:* Festlegungen über Dauer und Ort der Speicherung von Aufzeichnungen und Personalbeurteilungsbögen
> 9. *Information der Beteiligten:* Festlegung der Informationen und Schulungen, die Führungskräfte und Mitarbeiter vor ihrem ersten Mitarbeitergespräch und ggf. bei Bedarf auch später erhalten
> 10. *Schlussbestimmungen:* Bestimmungen zum Inkrafttreten und zur Gültigkeit dieser Bestimmung, Erprobungszeitraum

3.2.2 Implementierungsvoraussetzungen

Die erfolgreiche Implementierung eines Mitarbeitergesprächs im Unternehmen hängt von einer Reihe entscheidender Faktoren ab. Allen voran muss eine Passung zur vorhandenen Führungskultur bestehen. Sollte in einem Unternehmen keine wirklich kooperativ ausgestaltete Führung praktiziert werden, ist das Instrument Mitarbeitergespräch im Prinzip von vornherein zum Scheitern verurteilt. Wenn eine Einbeziehung der handelnden Personen in Informations-, Entscheidungs-

und Lernprozesse in der Tat nicht stattfindet, kann auch das MAG keine nutzbringende Wirkung entfalten. Neben dieser kulturellen Komponente sollten aber auch die instrumentelle Ebene (u.a. Verfahren, Methoden und Formulare) sowie die verhaltensorientierte Ebene (u.a. Informationen, Kommunikation und Führung) nicht vernachlässigt werden.

Grundsätzlich gilt für alle Organisationsentwicklungsprojekte (und ein solches stellt auch die Einführung des MAGs dar), dass eine möglichst breite Beteiligung der Betroffenen Voraussetzung für den Erfolg ist. Dies bedeutet insbesondere sicherzustellen, dass die Leitung der Organisation und die oberen Führungskräfte vorrangig vom MAG überzeugt sein müssen. Anderenfalls nützt die Unterstützung der Personalabteilung, der Arbeitnehmervertreter und weiter Teile der Mitarbeiterschaft nur wenig. Fehlt die entscheidende Unterstützung von „ganz oben", fehlt die entscheidende Unterstützung von „ganz oben", fehlt die entscheidende Unterstützung von „ganz oben" [sic!!!], so kann man zwar die Beteiligten betroffen machen; eine solide Verankerung gelingt in diesem Fall jedoch wahrscheinlich nicht. Vorworte in Hochglanzbroschüren und Lippenbekenntnisse reichen nicht – im Gegenteil. Belegschaften haben ein feines Gespür dafür, ob z.B. der Vorstandsvorsitzende oder der Vorsitzende der Geschäftsführung das Anliegen wirklich zu seinem macht.

Einen schematischen Überblick über Strategien der Organisationsentwicklung gibt Abbildung 13. In der betrieblichen Praxis finden sich die verschiedenen Implementierungsstrategien allerdings nicht in Reinform, sondern in aller Regel vielmehr in Varianten und Kombinationen.

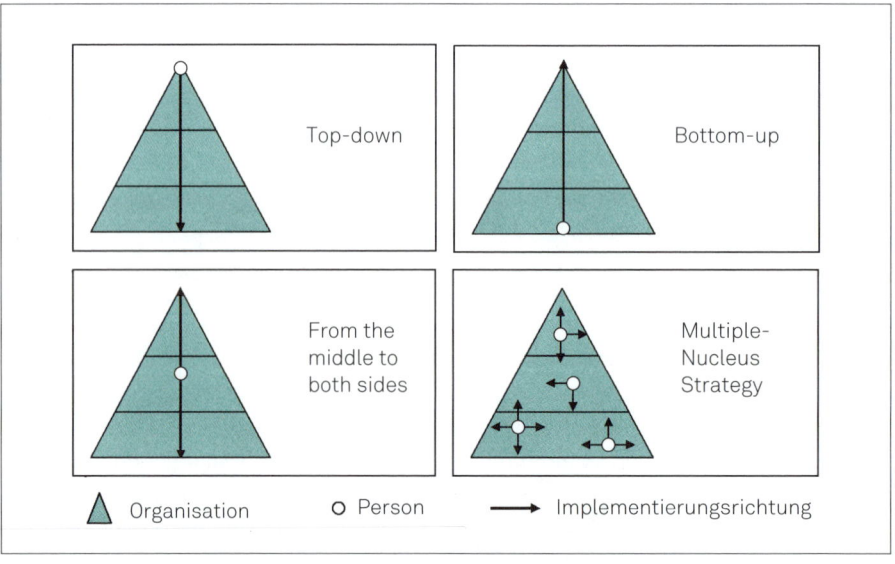

Abbildung 13: Strategien der Organisationsentwicklung

Beginnt die Umsetzung einer Strategie im Top-Management, so bezeichnet man dies auch als *Top-down*. Das Gegenteil hiervon ist die Implementierung einer Strategie vonseiten der nachgeordneten Mitarbeiterschaft aus *(Bottom-up)*. Eine Kombination dieser beiden Varianten wird als bipolares Vorgehen bezeichnet. Bei der Strategie *From the middle to both sides*, auch „Keilstrategie" genannt, wird das mittlere Management zum Ausgangspunkt für Änderungsimpulse in der Organisation. Diese versucht nun zugleich seine Mitarbeiter wie auch die Führungskräfte für eine Idee zu gewinnen. Erfolgversprechend können allerdings ergänzende *Multiple-Nucleus-Strategien* sein (siehe auch das Fallbeispiel in Abschnitt 5.1). Hierbei werden von Personen unterschiedlicher Hierarchiestufen auf verschiedenen Ebenen des Unternehmens Pilotprojekte initialisiert, um Ideen von dort aus schrittweise auf die gesamte Organisation auszuweiten.

3.2.3 Hinweise zum Mitarbeitergespräch im interkulturellen Kontext

Mitarbeitergespräche sind in verschiedenen Unternehmenskulturen bereits unterschiedlich positioniert und folgen expliziten und impliziten Mustern, wie ein solches Gespräch zu führen ist. Wie man bspw. angemessen Konflikte adressiert und wie dies aufgenommen wird, mag bereits sehr unterschiedlich sein.

Interessant (allerdings mit mannigfaltigen Möglichkeiten für Missverständnisse versehen) werden Mitarbeitergespräche dann, wenn Mitarbeiter im Gespräch aufeinandertreffen, die verschiedenen Herkunftsländern oder auch Kulturkreisen angehören. Hier treffen in der Kommunikation drei Faktoren aufeinander, die unterschiedlich ausgeprägt sein können:
- Situation des Gesprächs
- Person/Persönlichkeit der Gesprächspartner
- Kulturelle Herkunft und Prägung der Gesprächspartner

An natürlich generalisierten und damit gewiss nicht völlig passgenauen Vergleichen von Europäern und Asiaten soll das Thema veranschaulicht werden. Die folgenden Aussagen basieren nicht zuletzt auch auf der langjährigen kulturübergreifenden beruflichen Erfahrung der Autoren des vorliegenden Bandes.

Wie werden Europäer als Stereotyp wahrgenommen?
- Direkt im Ausdruck ihrer Kommunikation
- Stark rational gesteuert
- Präferenz für logische Herangehensweise
- Standards, Regelungen, Vorschriften und Gesetze sind ausgesprochen wichtig
- Hedonistische Bedürfnisstruktur (Freizeit, Urlaub, materieller Besitz)
- Legen Wert auf Effizienz und Effektivität
- Ich-bezogener, individualistischer Lebensstil
- Selbstsicher

Typische Fragen der Aufgaben- oder Beziehungsorientierung erhalten in der interkulturellen Arbeit in und zwischen Organisationen eine besondere Bedeutung. Während Deutsche den Fokus primär darauf legen, *welche* Geschäfte sie zu welchen Konditionen abschließen, legen andere Kulturkreise häufig zunächst den Fokus darauf, mit *wem* sie Geschäfte machen. Der den Deutschen nicht selten nachgesagte „German Tank Approach" ist in diesem Kontext wenig hilfreich.

Hofstede, Hofstede und Minkov (2010) unterstreichen, dass jeder Mensch die Welt vornehmlich durch seine eigene kulturelle Brille wahrnimmt. Mittlerweile sind in dieser Logik sogar mobile Anwendungen, wie eine App für IOS namens *CultureCompass*, verfügbar. Diese App ermöglicht anhand des sog. 6D-Modells von Hofstede eine Übersicht über die Charakteristika verschiedener Kulturen und ermöglicht eine Gegenüberstellung zweier Länder. Die sechs Dimensionen des Modells lauten (1) Machtdistanz, (2) Individualismus/Kollektivismus, (3) Maskulinität/Feminität, (4) Unsicherheitsvermeidung, (5) Langzeitorientierung/Kurzzeitorientierung und (6) Genuss/Zurückhaltung.

Werden kulturelle Unterschiede nicht beachtet, besteht die Gefahr einer Spirale negativer Wahrnehmungs- und Bewertungsprozesse: Misswahrnehmungen führen zu Missinterpretationen, Missinterpretationen führen zu Missbewertungen, Missbewertungen führen wiederum zu Misstrauen und so weiter. Dieser sich selbstverstärkende Kreislauf kann fatale Folgen nicht nur für die Kommunikation, sondern auch für die Leistungserbringung haben.

Misswahrnehmungen können letztlich klein und unauffällig daherkommen. Das „Ja" oder „Yes" einer Japanerin oder eines Japaners kann von Europäern sehr leicht als Zustimmung und Commitment gedeutet werden. Im Kontext der sehr höflichen japanischen Kultur möchte man aber lediglich ausdrücken „Ich habe verstanden, was Sie gesagt haben" oder „Ich höre aufmerksam zu". „Das ist eine sehr gute Idee, über die wir noch einmal nachdenken müssen" kann auch eine freundliche Form eines Asiaten sein, „Nein" zu sagen. (Es soll auch deutsche Organisationen geben, in denen die letztgenannte Formulierung anders „übersetzt" würde.)

Auch Themen des *Small Talks* – ohnehin von der Themenwahl heikel – können problematisch werden: Während es in den DACH-Ländern in der Regel vermieden wird, über Geld zu reden, ist dies z. B. in China oder den USA deutlich eher akzeptabel. Der Hinweis, in nicht vertrauten Kulturkontexten im Gespräch zunächst Small Talk zu betreiben, um das Eis zu brechen, ist grundsätzlich sicher hilfreich. Allerdings existieren zahlreiche absolute Tabuthemen, über die man sich im Vorhinein (!) im Klaren sein sollte.

Eine andere Quelle von Misswahrnehmungen kann in der zugeschriebenen Bedeutung von *persönlichen Beziehungen* liegen: Europäer mögen sie als Resultat einer gelungenen Geschäftsbeziehung betrachten; für Asiaten stellen sie oft die Voraussetzung für den Aufbau einer guten Geschäftsbeziehung dar. Durchaus interessant ist auch der unterschiedliche Umgang mit Besprechungen, *Begrüßungen* und nonverbalen Signalen: „Kiss, Bow, or Shake Hands?" heißt einer der häufig genutzten Ratgeber für international agierende Mitarbeiter und Führungskräfte (siehe Morrisson & Conoway, 2006). Die Autoren unterscheiden bei der Darstellung verschiedener Kulturen oder kultureller Orientierungen wichtige Dimensionen wie kognitive Stile, Verhandlungsstrategien und Wertesysteme. So neigen etwa Deutsche nach verbreiteter Auffassung dazu, in Verhandlungen die Hürden, die noch zu bewältigen sind, direkt anzusprechen. Asiaten hingegen tendieren eher dazu, diese zu umschreiben und die Aussagen indirekt und eher zirkulär zu treffen.

Hat man die Begrüßung erfolgreich gemeistert, folgen bereits nächste, vielleicht manchmal gänzlich unvorhergesehene Quellen für Störungen im Gespräch, z. B. der Blickkontakt. Wie lang oder kurz sollte dieser sein? Wie direkt oder indirekt? Gleichwohl wird diese Thematik auch bei Gesprächspartnern im verwandten kulturellen Kontext bisweilen kontrovers interpretiert. Der Einsatz von Gesten, Gesichtsausdruck, Augenkontakt, die eingenommene räumliche Distanz oder gar das Berühren des Gesprächspartners unterliegen in massiver Form kulturellen Prägungen und Normen (vgl. Trompenaars & Hampden-Turner, 2012).

Der Begriff „Das Gesicht wahren" oder „Gesichtsverlust" ist auch im DACH-Raum geläufig. Das Gesicht verloren zu haben, weil man in einem Meeting vor anderen gleichrangigen Führungskräften direkt kritisiert worden ist (im Sinne: wir pflegen hier eine offene Feedbackkultur), mag einen Koreaner schon darüber nachdenken lassen, umgehend seine Kündigung einzureichen.

3.2.4 Prozess der Einführung und Verankerung

Eine Grundvoraussetzung für die erfolgreiche Einführung des Mitarbeitergesprächs ist eine zu Beginn des Implementierungsprozesses eindeutig definierte Zielsetzung für das Projekt, die nach Möglichkeit von der Geschäftsführung mitentwickelt, zumindest aber ausdrücklich mitgetragen und aktiv propagiert werden sollte. Hierbei muss in jedem Fall eine hinreichende Kompatibilität zur vorhandenen Führungskultur vorliegen – ansonsten werden kontraproduktive Effekte erreicht. Festgelegt werden sollte, welche Modifikationen der Führungskultur mit dem Mitarbeitergespräch erreicht werden sollen und ob es mit anderen Instrumenten wie beispielsweise Zielvereinbarungen sowie einer variablen Vergütung verknüpft werden soll. Eine freiwillige gegenseitige Einbeziehung in Informations-, Entscheidungs- und Lernprozesse sollte generell zwischen den Führungskräften und ihren Mitarbeitern erfolgen, ist jedoch aufgrund von starrem Festhalten an Macht- und Statusunterschieden nicht durchgängig anzutreffen. Zudem sollte der Zusammenhang zur Unternehmensplanung festgelegt werden, da Mitarbeitergespräche eine notwendige transparente Leistungszielhierarchie ergänzen, jedoch nicht ersetzen können und sollen (siehe z. B. Winkler & Hofbauer, 2010).

Leitfaden zur Einführung und Verankerung des Mitarbeitergesprächs

I Projektplanung

1. Definition der Ziele und Rahmenbedingungen durch die Geschäftsführung:
   - Definition des Projektes durch die Geschäftsführung
   - Festschreiben von Zielen, die mit der Einführung des MAGs verbunden sind
   - Festlegung der Rahmenbedingungen (u. a. zeitlicher Ablauf, beteiligte Personen/Abteilungen)
2. Information und Commitment des gesamten Vorstandes/der Geschäftsführung und frühzeitige Einbindung der Arbeitnehmervertretung

II Modellentwicklung

3. Konzeption des MAGs und der dazugehörigen Unterlagen in einem fachbereichs- und hierarchieübergreifenden Projektteam (evtl. mit Unterstützung durch einen in der Organisation bekannten und erfahrenen externen Berater)
4. Prüfung der Passung zu anderen HR-Instrumenten in der Organisation, um unerwünschte Wechselwirkungen zu vermeiden
5. Ständige und zielführende Information der Beteiligten zum Stand des Projektes

III Konkretisierung

6. Erstellung von umfassendem Informationsmaterial (in Papierform und elektronisch) zum Thema MAG

IV Information und Training

7. Vorstellung des MAGs durch Vorstand/Geschäftsführung und Arbeitnehmervertretung
8. Schulung der Vorgesetzten in der Handhabung des MAGs
9. Information und ggf. Schulung der Mitarbeiter zum MAG

V Erprobung

10. Erste Durchführung von Mitarbeitergesprächen
11. Ständiger Erfahrungsaustausch

VI Nachbereitung

12. Evaluation der Qualität der Mitarbeitergespräche:
    - Befragung von Mitarbeitern und Führungskräften, die an Mitarbeitergesprächen teilgenommen haben
    - Ggf. Auswertung von Dokumentationen soweit im Rahmen der DSGVO zulässig
13. Kontinuierliche Qualitätskontrolle und Optimierung des gesamten MAG-Prozesses

Während der Konzeption sollten Führungskräfte und Mitarbeiter begleitend über die Fortschritte und Implikationen des Projektes informiert werden. Das Projektteam selbst sollte in engem Kontakt zur Geschäftsführung stehen. Häufig ist das Scheitern der Einführung von Mitarbeitergesprächen nicht auf Defizite des Systems an sich, sondern auf eine generell ablehnende Haltung der Führungskräfte zurückzuführen.

Grundsätzlich ist zu empfehlen, zumindest die Hauptergebnisse der Mitarbeitergespräche zu dokumentieren, um besonders bei Absprachen und Zugeständnissen spätere Missverständnisse zu vermeiden. Insbesondere der Vorgesetzte wird sich – da er wahrscheinlich zahlreiche Mitarbeitergespräche zu führen hat – ansonsten kaum differenziert erinnern können. Den Grad der Dokumentation sollte jede Organisation individuell festlegen, wobei eine umfassendere Dokumentation zu erheblichem Verwaltungsaufwand führen kann, der wiederum kontraproduktiv ist und den Fokus weg vom Gespräch hin zur Dokumentation lenkt.

Exkurs: Einführung des Mitarbeitergesprächs in einem Industrieunternehmen aus Sicht eines externen Beraters

Fechtner und Taubert (1995) schildern die Einführung des MAGs im Rahmen eines Projektes zur Weiterentwicklung der Unternehmenskultur und Zusammenarbeit in einem Fertigungsbetrieb.

Ausgangspunkt war die Erhebung der strategischen, organisatorischen und personellen Rahmenbedingungen. Dabei wurde festgestellt, dass im Unternehmen bereits Führungsgrundsätze und ein Beurteilungssystem bestanden, beide aber aufgrund von Defiziten im Kommunikationsverhalten der Führungskräfte und einem negativen Image nicht angewendet wurden bzw. scheiterten. Man entschied sich zur Einführung des Mitarbeitergesprächs mit dem Ziel der Stärkung einer Kultur von Führung und Zusammenarbeit.

Es wurde ein Konzept für die Einführung des Mitarbeitergesprächs entwickelt, das das MAG in den Kontext der Personalentwicklung einbettet. Ziel dieses Konzepts war die Erreichung einer besseren Klärung des strategischen Auftrags, von Verantwortlichkeiten, Delegationsbereichen und persönlichen Zielen. In Bezug auf die Kommunikation sollte eine Dialog- und Konfliktkultur implementiert werden, und durch eine bessere Nutzung der vorhandenen Mitarbeiterpotenziale sollte die Motivation gesteigert sowie die Fluktuation gesenkt werden. Insgesamt wurden eine schlankere Organisation und eine höhere Leistungsfähigkeit angestrebt.

Der möglicherweise empfundene Mangel an Konkretheit in den beschriebenen Schilderungen findet sich in praxisorientierten Publikationen zum MAG häufiger und hat wahrscheinlich nicht zuletzt auch mit der Thematik an sich zu tun. Da die Ausgestaltung des MAG-Prozesses stets abhängig von der Unternehmenskultur sowie von den jeweiligen Akteuren bzw. Gesprächspartnern ist, bleibt bisweilen hinsichtlich der Übertragung konkreter Handlungsschritte – wie hier bei der Implementierung – einiges recht vage. Auch bei Winkler und Hofbauer (2010) finden sich Aspekte einer erfolgreichen Implementierung des MAGs in der Praxis auf Basis von realen Fallbeispielen. Nach aller Erfahrung halten sich die Organisationen zu dem, was konkrete Problemstellungen und Schwierigkeiten bei der Einführung betrieblicher Instrumente betrifft, gern bedeckt, was die eher schmale empirische Beforschung des Mitarbeitergesprächs (siehe Abschnitt 3.3) mutmaßlich mitbedingt.

> **Exkurs: Mitarbeitergespräch versus Verkaufsgespräch oder Kundengespräch**
>
> Da zahlreiche Vorgesetzte im Laufe ihrer beruflichen Sozialisation für die Durchführung von vertriebsorientierten Gesprächen mit externen Kunden z. T. vielfach geschult worden sind, besteht eine starke Tendenz, Erkenntnisse aus diesen Gesprächen zu übertragen. Entscheidend für das Gelingen von Mitarbeitergesprächen ist es hierbei, die Erfolgsstrategien aus Kunden- bzw. Verkaufsgesprächen dahingehend zu hinterfragen, welche Elemente in welcher Phase des jeweiligen MAGs hilfreich sein können und welche eher abträglich.
>
> So muss der *Gesprächseinstieg*, der meist routinemäßig im Verkaufsgespräch über eine Aufwärmphase (warming up) läuft, für ein MAG keineswegs zuträglich sein. Wenn man bereits den ganzen Arbeitstag sozusagen „Schulter an Schulter" arbeitet, ist es häufig eher abträglich, über die aktuelle Wetterlage ins Gespräch einzusteigen. Ähnliches gilt auch für den Einsatz von *Fragetechniken*. Während im MAG meist offene Fragen die Methode der Wahl sind, gilt es im Verkaufsdialog häufig – etwas überzogen formuliert –, durch eine Serie eher geschlossener Fragen, auf die der Kunde jeweils mit „Ja" antworten soll, einen Geschäftsabschluss zu erzielen; und zwar bis letztlich der Kunde eine offene Frage stellt: „Wo darf ich denn unterschreiben?"

3.3 Wirkungsweise des Mitarbeitergesprächs

Bei der Anzahl der empirischen Arbeiten zum Mitarbeitergespräch im deutschsprachigen Raum ist in den letzten Jahren eine leicht steigende Tendenz festzustellen. Diese stimmen im Ergebnis weitgehend darin überein, dass es sich bei dem Mitarbeitergespräch um ein wirksames Instrument der Personalführung handelt (vgl. Hölzle, 2010). Studien im angloamerikanischen Raum legen ihren Fokus vielfach auf prozedurale Gerechtigkeit und den Einfluss von Kontextfaktoren. Einen Überblick über maßgebliche derzeit vorliegende Untersuchungen gibt Tabelle 7.

Tabelle 7: Überblick zu Forschungsarbeiten zum Mitarbeitergespräch

Autor	Art	Datenquelle	Ergebnisse (u.a.)
Willmes (2018)	Fragebogenstudie	168 Fragebögen von Unternehmensvertretern aus den Top 820 Unternehmen der DACH-Region	Hohe Verbreitung des MAGs (97 %), dabei hohe zugeschriebene Sinnhaftigkeit (86 %), Verdrängung durch Digitalisierung nicht erwartet, häufigste Inhalte sind Feedback, Personalentwicklungsmaßnahmen, Leistungsbeurteilung und Zielerreichung
Meinecke, Klonek & Kauffeld (2017)	Analyse	48 Audiodateien	MAG sehr auf die Führungskraft (FK) zentriert, noch stärker bei Thematisierung der Zielerreichung, Partizipation der Mitarbeiter (MA) höher in der Entwicklungsplanung
Meinecke, Lehmann-Willenbrock & Kauffeld (2017)	Analyse	48 Audiodateien	Führungskräfte setzen sowohl aufgabenbezogene als auch beziehungsorientierte Aussagen ein. Letztere fördern die aktive Beteiligung der MA, erstere Passivität der MA
Hernstein Institut für Management und Leadership (2016)	Befragung	1 566 Führungskräfte aus Österreich und Deutschland	81 % der Befragten sehen das MAG als Motivationsmöglichkeit, für 80 % ist es ein essenzielles Führungsinstrument
Kingsley Westerman & Smith (2015)	Experimentelle Befragung	443 Arbeitnehmer	Je mehr negative Kritik die Persönlichkeit angreift, desto mehr zieht sich der MA still zurück. Gepaart mit Lob sind MA offener für einen Diskurs
Pälli & Lehtinen (2014)	Analyse	6 Videoaufzeichnungen von MAGs in einer Verwaltung	Macht der Vorgesetzten ist größer, wenn Ziele vorgegeben oder Diskussionen zusammengefasst werden; Verschriftlichung der Ziele erleichtert die Einigung der Parteien

Tabelle 7: Fortsetzung

Autor	Art	Datenquelle	Ergebnisse (u.a.)
Sorsa, Pälli & Mikkola (2014)	Analyse	13 Videoaufzeichnungen von MAGs zweier Verwaltungsorganisationen	Im MAG wird mit nonverbalen Signalen die Strategie des Unternehmens verstärkt
Wachsmuth (2014)	Analyse prozeduraler Gerechtigkeit als Erfolgsfaktor	Audioaufzeichnungen von 50 MAGs	Positive Wirkung respektvollen Verhaltens und von Pausen der Führungskräfte sowie Meinungsäußerungen der Mitarbeiter
Asmuß (2013)	Analyse	30 Stunden MAG-Aufzeichnungen	Implizite soziale und institutionelle Normen wirken gleichberechtigtem Dialog zwischen FK und MA entgegen
Pichler (2012)	Metaanalyse		Beziehungsqualität zwischen Vorgesetztem und Mitarbeiter stärkerer Prädiktor für Reaktion des Mitarbeiters als reine Partizipation im Gespräch
Linna, Elovainio, Van den Bos, Kivimäki, Pentti & Vahtera (2012)	Längsschnittstudie über 4 Jahre	6592 Mitarbeiter aus der Verwaltung	Wahrgenommene Gerechtigkeit wird durch als nützlich empfundene MAGs gesteigert
Leipold (2011)	Mitarbeiterbefragung	813 Beschäftigte der Mainzer Johannes Gutenberg-Universität	Vier Aussagebereiche: Einstellung zum MAG positiv bis verhalten, Durchführungspraxis bei teilnehmenden FK größer als bei MA, Leitfaden nur bei einem Fünftel der Beschäftigten bekannt, geringe Nutzungsrate von Trainings
Sandlund, Olin-Scheller, Nyroos, Jakobsen & Nahnfeldt (2011)	Analyse	8 Videoaufzeichnungen von MAGs	Strukturelle Mechanismen und institutionelle Normen verringern den Spielraum der MA, negative Erfahrungen im MAG anzusprechen
Asmuß (2008)	Gesprächsanalyse	11 Stunden MAG-Videoaufzeichnungen (7 Gespräche)	Negative Bewertungen werden sozial problematisch wahrgenommen; je höher die Tendenz der FK zu kritischem Feedback, desto belastender für den MA

Tabelle 7: Fortsetzung

Autor	Art	Datenquelle	Ergebnisse (u.a.)
Alberternst & Moser (2007)	Querschnittliche Feldstudie	421 Mitarbeiter einer Stadtverwaltung	Einstellung zum MAG abhängig von Güte der Informationen, subjektiv wahrgenommener Betreuung und Vertrauen in den Vorgesetzten
König & Rehling (2006)	Fallstudienanalyse; Evaluation fördernder und hemmender Faktoren von MAGs	ca. 230 Interviews sowie ca. 950 Fragebögen von Mitarbeitern und Führungskräften niedersächsischer Behörden	Hohe Zufriedenheit, Weiterempfehlungsrate von 73,6 % (MA) bis zu 90,5 % (FK); positive Effekte bei den weichen Faktoren wie Kommunikation, Motivation, Zusammenarbeit und Feedback; nicht ausreichende Verknüpfung mit der Personalentwicklung sowie weiterer Klärungsbedarf bzgl. Führen mit Zielen
Bittner (2005)	Fragebogenstudie	177 Fragebögen von Unternehmensvertretern aus den Top-500-Unternehmen in Deutschland	MAG wird große Bedeutung in Gegenwart und Zukunft zugeschrieben
Zempel, Alberternst & Moser (2005)	Studie	Über 1 000 Mitarbeiter einer Universitätsklinik	Kein Effekt auf die Arbeitszufriedenheit
Alberternst & Moser (2003)	Evaluationsstudie	144 Mitarbeiter einer Stadtverwaltung	Effekte nur bei Gesprächen, die mindestens drei der Definitionskriterien erfüllen
Alberternst (2003)	Evaluationsstudie	Je nach Hypothese zwischen 235 und 315 Beschäftigte aus Klinikbereich und Hochschulverwaltung	MAGs werden als nutzbringend erlebt, fairer Gesprächsverlauf ist entscheidend für Bewertung
KGSt (2002)	Kurzevaluation	420 Personen aus der Verwaltung	Erwartungen an MAG bisher nur teilweise erfüllt, aber Inhalte bestätigt
Reinhardt (2002)	Fragebogenstudie	64 Mitarbeiter in einem Krankenhaus	Wünsche der MA an das MAG ähneln den gängigen Praxisempfehlungen

Tabelle 7: Fortsetzung

Autor	Art	Datenquelle	Ergebnisse (u. a.)
Putz (1999)	Evaluationsstudie	Mitarbeiter eines österreichischen Produktionsbetriebs	Verbesserung der Beziehung zwischen Führungskraft und Mitarbeiter, Erhöhung der Aufgabenklarheit
Bauer (1996)	Evaluationsstudie	Mitarbeiter eines Energieversorgers	Kommunikationsmangel im Unternehmen, Inhalte noch nicht abgestimmt
Leonhardt (1993)	Fragebogenstudie	Mitarbeiter eines Unternehmens	Implementierung sowohl qualitativ als auch quantitativ, mittelmäßig erfolgreich
Bechinie (1992)	Befragung	Führungskräfte eines Unternehmens	Zeitliche Ausgestaltung und Inhalte zu unflexibel, Schwerpunkte je nach Führungsebene unterschiedlich

Willmes (2018) konnte in einer Follow-up-Studie zur Befragung von Bittner (2005) erneut bestätigen, dass das institutionalisierte Mitarbeitergespräch als Vier-Augen-Gespräch weiterhin sehr verbreitet und hoch akzeptiert ist. 97 % der teilnehmenden 168 Unternehmen aus Deutschland, Österreich und der Schweiz gaben an, Mitarbeitergespräche regelmäßig durchzuführen. Dies sind noch einmal 5 %-Punkte mehr als bei der Ursprungsstudie (vgl. Hossiep & Bittner, 2006). Damit sticht das MAG auch gegenüber institutionalisierten Beurteilungssystemen hervor, die bei 82 % der teilnehmenden Unternehmen im Einsatz sind. Bei den häufigsten Inhalten des MAGs handelt es sich um Feedback, Weiterbildung und Leistungsbeurteilung. Die *Akzeptanzwerte* sind sowohl bei den Führungskräften als auch bei den Mitarbeitern als hoch einzuschätzen. Die Abbildungen 14 und 15 geben einen Überblick über die angegebenen Assoziationscluster für eine hohe bzw. geringe Akzeptanz durch Führungskräfte und Mitarbeiter auf Basis der am häufigsten genannten Begriffe. Bei einem großen Teil der Mitarbeiter wurde der Erhalt von Feedback positiv herausgestellt, während die häufigste Nennung aufseiten der Führungskräfte das akzeptierte Führungsinstrument war.

Auch im Zuge der zunehmenden *Digitalisierung* wird das persönliche MAG von der Mehrheit der Unternehmensvertreter weiterhin als herausragend wichtig angesehen. Hierbei schätzt man insbesondere die vertrauensvolle Atmosphäre im Vier-Augen-Gespräch.

Abbildung 14: Assoziationscluster für die Akzeptanz bei Mitarbeitern (auf Basis der Daten von Willmes, 2018)

Abbildung 15: Assoziationscluster für die Akzeptanz bei Führungskräften (auf Basis der Daten von Willmes, 2018)

Die größte Veränderung gegenüber der Vorgängerstudie liegt in der Art und Weise der Vorbereitung von Führungskräften und Mitarbeitern auf das MAG. Hier zeigt sich, dass im Vergleich zu 2005 Führungskräfte und Mitarbeiter offenbar zunehmend auf sich selbst gestellt sind und organisationsinterne Qualifizierungen stark zurückgefahren wurden. Waren es bei Bittner (2005) lediglich 15 % der Führungskräfte, die sich im Selbststudium vorbereitet haben, ist dieser Anteil 2018 auf beachtliche 75 % gestiegen. Bei den Mitarbeitern liegt dieser Prozentsatz 2018 in ähnlicher Größenordnung.

Auf die Frage nach Charakteristika des eigenen Mitarbeitergesprächs fanden sich in Abhängigkeit von der generellen Bewertung der vorgefundenen Praxis (positiv vs. negativ) verschiedene Attribute. Diese erlauben einen Rückschluss darauf, warum in manchen Unternehmen das MAG einen guten Ruf genießt, während es anderenorts in der Praxis scheitert (siehe Tabelle 8).

Tabelle 8: Wahrnehmung des Mitarbeitergesprächs (auf Basis der Daten von Willmes, 2018, nach Häufigkeit der Nennungen)

Wahrnehmung des Mitarbeitergesprächs	
bei negativer Bewertung der Praxis	**bei positiver Bewertung der Praxis**
• hoher Aufwand für FK • Pflichtübung • fehlende Stringenz • Tool benutzerunfreundlich • Diskrepanzen zwischen Soll-Ist • fehlende Konsequenzen • veraltetes System • Zeitverschwendung • Verbindung Bonus/Feedback schwierig • zu wenig Fokus auf persönlicher Entwicklung • Feedback sollte laufend sein	• Erhalt/Gabe von Feedback • akzeptiertes Instrument • ausführliche Standortbestimmung • Vereinbarung Weiterbildung • Kulturregel, Anerkennung • standardisierter Prozess • Entgeltrelevanz • Austausch und Dialog • Wertschätzung • gute Vorbereitung der FK • Verknüpfung mit Unternehmenswerten • Steuerungsinstrument

Bereits im Jahr 1999 wurde auf einem Forum der KGSt (Kommunale Gemeinschaftsstelle für Verwaltungsmanagement) eine Zwischenbilanz zur Praxisbewährung des MAGs in der *öffentlichen Verwaltung* gezogen. Hierbei wurden in einem Fragebogen Einschätzungen zum MAG gesammelt. Insgesamt finden sich ähnliche Stärken und Schwächen wie bei der Befragung von Unternehmensvertretern der Privatwirtschaft bei Willmes (2018; vgl. Hossiep, Fries & Lang, 2019; Auszüge aus den Einschätzungen der KGSt siehe Tabelle 9). Bei Hossiep, Fries und Lang finden sich zudem Ursachen für positive und negative Akzeptanz des MAGs differenziert nach Perspektiven von Führungskraft und Mitarbeiter.

Tabelle 9: Positive Merkmale und Kritikpunkte zum MAG im Rahmen der KGSt-Kurzevaluation (2002, S. 7 f.)

Negative Voten zum MAG	Positive Voten zum MAG
• zu wenig Zwang • mutige Mitarbeiter unerwünscht • lästiges Berichtswesen • Angst hält an • unterschiedliche Qualität • konsequenzlose Zielverfehlungen • hoher Zeitaufwand • Desinteresse der Führung • Wecken falscher Erwartungen bzgl. Beförderungen	• unverzichtbares Instrument der Verwaltungsmodernisierung • klare Struktur • Chance der Vertrauensbildung • Zeit für ein umfassendes Gespräch • Fördern und Fordern • Jeder lernt, Ziele zu formulieren • Beitrag zur Karriereplanung • Beitrag zur Kulturveränderung ist Ehrlichkeit

Verschiedene Studien sind in den letzten Jahren der Frage nachgegangen, wie sich das Vorhandensein bzw. Praktizieren von Mitarbeitergesprächen auf betriebliche Kennzahlen wie Fluktuation, *Arbeitszufriedenheit*, Engagement oder Commitment auswirkt (vgl. Bundesministerium für Arbeit und Soziales, 2014, 2016; Wolter, Broszeit, Frodermann, Grunau & Bellmann, 2016). Aus Tabelle 10 sind auf Basis einer sehr großen Stichprobe von über 5 000 Einzelbeobachtungen signifikante, positive Zusammenhänge zwischen Mitarbeitergesprächen und verschiedenen wichtigen Aspekten der Arbeitsqualität zu entnehmen.

Tabelle 10: Mitarbeitergespräche und Zielvereinbarungen im Zusammenhang zu Commitment, Arbeitszufriedenheit und Verbleibewahrscheinlichkeit (siehe BMAS, 2014, S. 71)

	Commitment	Arbeitszufriedenheit	Verbleibewahrscheinlichkeit
Mitarbeitergespräche	0.136*** (0.00)	0.258*** (0.00)	0.165*** (0.00)
Zielvereinbarungen	0.113*** (0.01)	0.141* (0.08)	0.048 (0.27)
Konstante	3.076*** (0.00)	6.919*** (0.00)	3.819*** (0.00)
Beobachtungen	5.250	5.308	5.303
R^2	0.119	0.042	0.088

Anmerkungen: Regressionsmodell mit clusterrobusten Standardfehlern, *p*-Werte in Klammern, *** $p<0.01$, ** $p<0.05$, * $p<0.1$

Wolter et al. (2016, siehe Tabelle 11) verweisen in prägnanter Form auf deutliche positive Zusammenhänge zwischen Mitarbeitergesprächen einerseits und Job-Zufriedenheit, Engagement, Bereitschaft im Betrieb zu bleiben sowie Verbundenheit mit dem Arbeitgeber andererseits; von den Autoren als „Ergebnis guter Arbeitsqualität" bezeichnet.

Tabelle 11: Zusammenhänge von betrieblichen Personalmaßnahmen und Ergebnissen guter Arbeitsqualität (siehe Wolter et al., 2016, S. 5)

	Job-Zufriedenheit	Engagement	Bereitschaft im Betrieb zu bleiben	Verbundenheit mit Arbeitgeber (Commitment)
Förderung von Höherqualifizierung	+	+	nicht untersucht	+
Mitarbeitergespräche	+	+	+	0
Leistungsbeurteilung	+	+	+	+
schriftliche Zielvereinbarung	0	0	0	+
Mitarbeiterbefragungen	+	+	+	+

Anmerkungen: OLS-Regression, „0" = kein signifikanter Zusammenhang, „+" = signifikanter positiver Zusammenhang

Insgesamt deuten verfügbare Studien darauf hin, dass Mitarbeitergespräche von den meisten Mitarbeitern als Chance gesehen werden, häufig jedoch noch z.T. erhebliche *Diskrepanzen* zwischen den Wünschen der Vorgesetzten und denen der Mitarbeiter sowie der tatsächlichen Realisierung bestehen. Ein fairer Gesprächsablauf ist aus Sicht der Mitarbeiter aber entscheidender als – vermeintlich – vorteilhafte Ergebnisse. Die positiven Effekte von Mitarbeitergesprächen versickern allerdings in zahlreichen Organisationen, weil die direkte Konfrontation nur allzu gern vermieden wird.

Wie in Kapitel 2 bereits mehrfach verdeutlicht, ist die Fähigkeit zu fragen von großer Wichtigkeit für gelungene Mitarbeitergespräche. In diesem Zusammenhang ist festzustellen, dass Fragen im Mitarbeitergespräch nach wie vor viel zu wenig eingesetzt und genutzt werden. Ein Grund hierfür dürfte ein nicht selten anzutreffendes Selbstverständnis der Führungskräfte sein, nämlich als einzige Instanz in der Meinungs- und Entscheidungsbildung zu fungieren. Zugleich spielt mutmaßlich das Unbehagen der Vorgesetzten eine nicht zu unterschätzende Rolle, durch Fragen eher unsicher und weniger kompetent zu wirken. Vor diesem Hintergrund ist auch die Aktualität der folgenden Aussage – ja fast schon eine Binsenweisheit unter Personalern – ungebrochen: „Wer Mitarbeiter motivieren will, muss mit ihnen reden und zwar zielgerichtet, intensiv und permanent" (Kador, 1992, S. 680).

Als Fazit bleibt festzuhalten, dass das MAG als Investition zu betrachten ist, deren Zeitaufwand durch größere Leistungsfähigkeit und -bereitschaft des Mitarbeiters in der Zukunft normalerweise mehrfach aufgewogen wird. In zahlreichen Fällen darf es wohl auch als beträchtlicher Erfolg verbucht werden, wenn es gelingt, ein Absacken von Leistungsfähigkeit und Motivation – angesichts von zunehmendem Druck, verschärftem Wettbewerb, dünnerer Personaldecke etc. – einzudämmen.

4 Vorgehen und Probleme

4.1 Ablauf und Durchführung

Das Mitarbeitergespräch wird in der Führungspraxis häufig als *MAG-Prozess* implementiert, der in regelmäßigen Abständen kontinuierlich durchgeführt wird bzw. werden soll. Dieser Prozess umfasst sämtliche Schritte von der Vorbereitung eines Gesprächs über die Organisation und Durchführung bis hin zur Nachbereitung und den Rückkoppelungen zum nächsten Gespräch. Hierbei kann der MAG-Prozess auch mehrere Gespräche mit unterschiedlichen Schwerpunkten beinhalten. Abbildung 16 zeigt den exemplarischen Ablauf eines Mitarbeitergesprächs (vgl. z.B. Fiege et al., 2014; siehe auch die beiliegende Karte).

Für eine effektive Vorbereitung und Durchführung von Mitarbeitergesprächen ist es sinnvoll, den Ablauf in die drei Bereiche Gesprächsvorbereitung, -durchführung und -nachbereitung zu untergliedern. Im Folgenden werden die einzelnen Phasen erläutert. Hierbei wird davon ausgegangen, dass das Gespräch bereits im Unternehmen implementiert wurde, d.h. der Prozess der Überzeugung der Vorgesetzten und der Information aller Mitarbeiter sowie die Erarbeitung und Publikation von Materialien bereits vorausgegangen ist (siehe Abschnitt 3.2). Wichtige Hinweise, die in den einzelnen Phasen berücksichtigt werden sollten, da ihre Beachtung den Gesprächsverlauf entscheidend beeinflusst, sind jeweils in grün hinterlegten Kästen zusammengefasst.

4.1.1 Terminvereinbarung und Gesprächsvorbereitung

Zu Beginn der Planung eines Mitarbeitergesprächs sollte zunächst ein *Termin* festgelegt werden. Dies sollte frühzeitig und möglichst in Abstimmung mit dem Mitarbeiter geschehen, damit sich sowohl der Vorgesetzte als auch der Mitarbeiter angemessen auf das Gespräch vorbereiten können. Falls der Mitarbeiter nicht die Gelegenheit bekommt, sich selbst ausreichend vorzubereiten, kann das Gespräch nur einseitig, asymmetrisch und unergiebig verlaufen. Wenn der Mitarbeiter wesentliche Teile des Gesprächs aktiv mitgestalten soll, so ist dies ohne hinreichende Vorbereitung nicht adäquat möglich. Allerdings darf der Vorgesetzte seinerseits auch vom Mitarbeiter erwarten, dass dieser sich wirklich im Vorfeld mit dem Gespräch befasst. Auch für den Mitarbeiter – der ja wiederum selbst Vorgesetzter sein kann – ist das Wahrnehmen der Selbstverantwortung unabdingbar. Eine rechtzeitige Vereinbarung im Vorfeld ermöglicht es neben der inhaltlichen Vorbereitung zugleich, geeignete *Rahmenbedingungen* zu schaffen, wie ggf. die Buchung eines Besprechungsraumes. Hierdurch lassen sich Störungen während des Gesprächs in der Regel vermeiden. Es empfiehlt sich, ausreichend Zeit für das Gespräch einzuplanen, damit Eile oder ein plötzlicher Abbruch vermieden werden können,

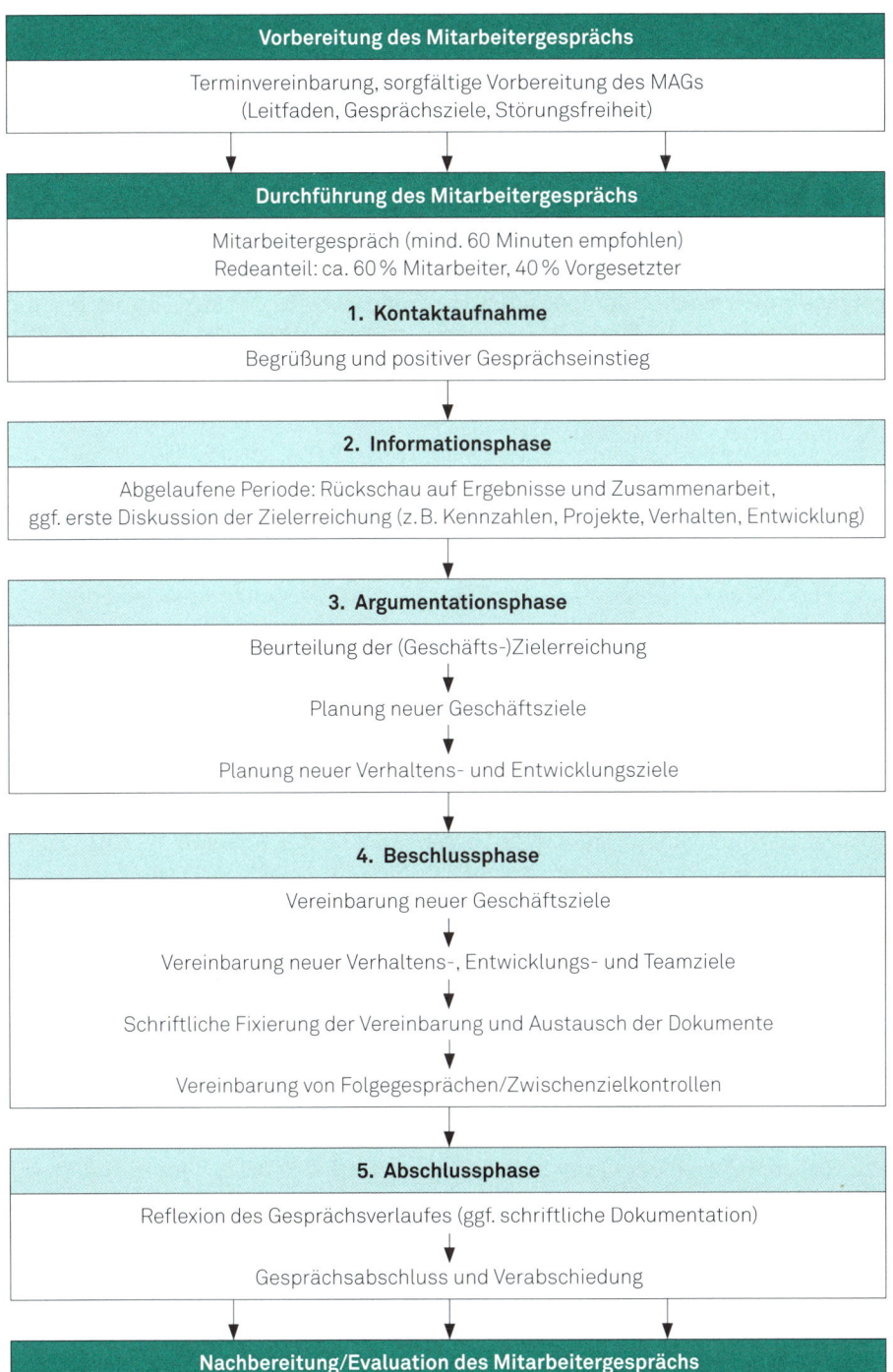

Abbildung 16: Exemplarischer Ablauf eines MAGs

wobei die einzuplanende Länge des Gesprächs je nach Anlass variiert. Die Wahl sog. „Tagesrandzeiten", also etwa am späten Nachmittag, sodass bei Bedarf auch mehr Zeit verwandt werden kann, hat sich in der Praxis bewährt. Eine spannungsarme Atmosphäre trägt maßgeblich zur Zielerreichung des Gesprächs bei.

Im Vorfeld – spätestens aber zu Beginn des Gesprächs – sollten beide Parteien die *Gesprächsziele* gemeinsam festlegen. Wenn allerdings grundsätzliche Diskrepanzen hinsichtlich der Ziele zwischen Vorgesetztem und Mitarbeiter vorliegen, ist es in vielen Fällen fraglich, ob zu Gesprächsbeginn eine Klärung noch sinnvoll vorgenommen werden kann. Aus diesem Grund ist es für das MAG förderlich, die Gesprächsziele möglichst früh gemeinsam zu besprechen und festzulegen. Die Orientierung an einem Gesprächsleitfaden – sofern dieser in der Organisation vorhanden ist – hilft dabei, die angestrebten Ziele stringent zu verfolgen und keine wesentlichen Aspekte auszulassen.

> **Empfehlungen zur Planung des Mitarbeitergesprächs:**
> - Treffen Sie die Vereinbarung rechtzeitig, z. B. ein bis zwei Wochen im Voraus. (Vermeiden Sie Überfallgespräche! „Gut, dass Sie gerade vorbeikommen, können wir nicht mal eben ...")
> - Buchen Sie einen ruhigen Besprechungsraum oder stellen Sie eine ruhige und angenehme Gesprächsatmosphäre in Ihrem Büro oder – wenn möglich – im Büro des Mitarbeiters her.

Das Mitarbeitergespräch grenzt sich von einem spontanen Arbeitsgespräch insbesondere durch eine umfassende *Vorbereitung* beider Parteien ab. Eine angemessene Vorbereitung verbessert nicht nur die Gesprächsqualität, sondern signalisiert auch dem jeweiligen Gesprächspartner, dass die Bedeutung des Gesprächs anerkannt wird (vgl. Micheli, 2004). Häufig werden von größeren Organisationen für beide Gesprächsparteien zugeschnittene Materialien wie Fragelisten zur Vorbereitung zur Verfügung gestellt. Beide Gesprächspartner können sich Leistungen und Ereignisse des vergangenen Zeitraums (häufig ein Jahr) vergegenwärtigen und so gezielt positive und negative Aspekte ansprechen. Hierbei erweist sich die investierte Zeit für eine gute Vorbereitung als besonders sinnvoll eingesetzt, um später anfallende „Reparaturgespräche" zu vermeiden. Der Zeitaufwand zur Vorbereitung beider Gesprächspartner ist hierbei kaum mit einer Faustregel zu beziffern. Vielmehr hängt er vom Abstand zum letzten MAG, von der Führungsspanne, von der räumlichen Distanz, von der Quantität und Qualität unterjähriger Gespräche, von der Erfahrung beider Gesprächspartner, von der Komplexität und Vergleichbarkeit der Tätigkeitsanforderungen und anderem mehr ab. Klar sollte ebenfalls sein, dass sich auch der nachgeordnete Gesprächspartner angemessen vorbereiten muss. Ansonsten sind derartige Gespräche entweder unökonomisch (man kommt von „Hölzchen auf Stöckchen") oder aber entbehrlich („Wo darf ich abzeichnen?").

> **Empfehlungen zur Vorbereitung des Mitarbeitergesprächs:**
>
> Nutzen Sie z. B. folgende *Materialien* zur Vorbereitung:
> - Aufgaben-, Tätigkeits- oder Rollenprofil des Mitarbeiters
> - Dokumentation des letzten MAGs und etwaiger Meilenstein-Gespräche (auch unterjährig)
> - Dokumente zur Organisations-, Bereichs- oder Abteilungsstrategie
> - Kompetenzprofile des Mitarbeiters (fachlich/überfachlich)
> - Informationen zu Erfahrungen und Erwartungen des Mitarbeiters
> - Informationen zur Trainingshistorie des Mitarbeiters
> - Informationen zu Entwicklungs- und Karrierezielen des Mitarbeiters
> - Informationen zu künftigen Anforderungen an den Mitarbeiter
> - Checklisten und Leitfragen für das MAG
> - Leitfaden für das MAG

Die Fragen, die sich Führungskraft und Mitarbeiter im Vorhinein stellen sollten, umfassen sowohl eine Rückschau als auch eine Vorschau. Hierbei sollte eine Vorbereitung für die Themenbereiche Zusammenarbeit, Aufgaben- und Arbeitsumfeld, Förder- und Entwicklungsmaßnahmen sowie Zielerreichung und -vereinbarung erfolgen. Die Ausdifferenzierung mehrerer beispielhafter Fragenkataloge, die den erwähnten Forderungen Rechnung tragen, findet sich im Anhang.

In den meisten Organisationen nehmen *Zielvereinbarungen* und die Überprüfung der Zielerreichung heute einen großen Teil des Mitarbeitergesprächs ein. Diese sollten jedoch gegenüber den anderen Gesprächsschwerpunkten nicht überbewertet werden. Die Überprüfung einer Zielerreichung kann dazu führen, dass der Mitarbeiter sich zur Wahrung einer guten Stimmung sowohl mit Feedback an den Vorgesetzten als auch mit der Ansprache von Problemen stark zurückhält.

Es ist nicht zu verkennen, dass in Organisationen, in denen Mitarbeitergespräche über mehrere Hierarchieebenen hinweg durchgeführt werden, ein Großteil der Vorgesetzten sich auch selbst in der Rolle des Mitarbeiters in einem Mitarbeitergespräch wiederfindet („Sandwichposition"). Dies kann unter Umständen das Verständnis der Führungskraft für den Mitarbeiter insofern erweitern, als es erleichtern kann, sich in die Sichtweise des Gesprächspartners zu versetzen.

4.1.2 Durchführung

Für die Gesprächsdurchführung empfiehlt sich die Orientierung an einer *Binnenstruktur*, die sich in fünf Phasen unterteilt: Kontaktaufnahme, Informationsphase, Argumentationsphase, Beschlussphase und Abschlussphase – das Gespräch sollte jedoch offen sein für spontane Änderungen der Reihenfolge oder für spätere Einwürfe, die inhaltlich früheren Phasen zuzuordnen sind.

- Kontaktaufnahme

Während der *Kontaktaufnahme* ist es wichtig, eine offene und angenehme Gesprächsatmosphäre durch eine persönliche Begrüßung und „Small Talk" herzustellen. Die „Echtheit" des Auftretens, auch als Selbstkongruenz zu bezeichnen (vgl. Cohn, 2018), ist für den weiteren Verlauf des Gesprächs von Bedeutung, da übertriebene plötzliche Zugänglichkeit und Freundlichkeit des Vorgesetzten künstlich wirken und schnell zu Misstrauen aufseiten des Mitarbeiters führen können, das im Gespräch nur schwer überwunden werden kann. Bei der Wahl der Kontaktaufnahme sollte zudem der Gesprächsanlass mitberücksichtigt werden.

Empfehlungen für den Gesprächseinstieg:
- Stellen Sie eine entspannte, aber dem Anlass entsprechende Atmosphäre her!
- Erläutern Sie noch einmal die Grundregeln für das Mitarbeitergespräch, wenn angebracht – insbesondere, welches Procedere im Fall abweichender Auffassungen vorgesehen ist.
- Skizzieren Sie die Ziele für das Mitarbeitergespräch.

- Informationsphase

In der *Informationsphase* ist es angebracht, zunächst zeitliche Vorstellungen und den grundsätzlichen Ablauf des Gesprächs abzustimmen. Gleichwohl sollten hier keine Festlegungen getroffen werden, die den Handlungsspielraum der Gesprächspartner z. B. hinsichtlich der Dauer des Gesprächs unnötig einschränken. Darüber hinaus sollten sowohl der Vorgesetzte als auch der Mitarbeiter die Gelegenheit wahrnehmen, in Bezug auf die abgelaufene Periode eine Rückschau vorzunehmen. Diese kann durchaus bereits eine grobe Einschätzung der qualitativen und quantitativen Zielerreichung beinhalten.

Empfehlungen zur Rückschau auf die abgelaufene Periode:
- Geben Sie dem Mitarbeiter Gelegenheit, seine Selbsteinschätzung hinsichtlich der Tätigkeit und Zusammenarbeit in der abgelaufenen Periode ausführlich und unvoreingenommen zu erläutern.
- Kommentieren und werten Sie in dieser Phase wirklich nur im Ausnahmefall. (Fragen Sie allerdings im Sinne einer Klärung nach, wenn Ihnen Sachverhalte und Einschätzungen inhaltlich unverständlich bleiben.)

- Argumentationsphase

In der *Argumentationsphase* wird die Beurteilung der Zielerreichung durch einen intensiven Austausch zu vereinbarten Kennzahlen, Projekten, Verhaltens- und Entwicklungszielen konkretisiert. Dabei ist zu beachten, dass ein tragfähiger inhaltlicher Austausch nur gewährleistet ist, wenn auch dem Mitarbeiter ein wirklich ausreichender Gesprächsanteil eingeräumt wird. Echtes Argumentieren und Problemlösen sollte in dieser Phase ermöglicht werden, ist aber – abhängig von dem jeweiligen Gesprächsanlass – nicht in jedem Gespräch zwingender Bestandteil.

Je nach thematischem Umfang eines MAGs ist es bedeutsam, die Reihenfolge der einzelnen Themen exakt zu planen. Ein wichtiger Gesprächsinhalt des MAGs ist die wechselseitige *Zusammenarbeit*, die jedoch gegenüber Zielvereinbarungen und Gehaltsfindung häufig in den Hintergrund gerückt wird. So ist es unrealistisch, davon auszugehen, dass der betroffene Mitarbeiter vor der Überprüfung der Zielerreichung sowie der möglicherweise damit verbundenen Bonusfestlegung kritisch die wechselseitige Zusammenarbeit thematisiert. Auch wenn der Vorgesetzte den Mitarbeiter zu kritischen Rückmeldungen z. B. über sein Führungsverhalten ermutigt („Wo bin ich der Flaschenhals?", „Wo hätten Sie sich Unterstützung von mir gewünscht, die Sie nicht erhalten haben?", „Was hätte ich besser unterlassen sollen?"), wird in diesem Kontext kaum ein Mitarbeiter irgendetwas Kritisches sagen, da sich dies mutmaßlich für ihn negativ, z. B. hinsichtlich der Festlegung zukünftiger Zielgrößen und der Bewertung der Zielerreichung, auswirken könnte. Oben gesagtes sollte eigentlich logisch und selbsterklärend sein, nichtsdestoweniger sind die Aussagen in den Broschüren von Organisationen nicht selten geradezu naiv und fern der Organisationspraxis.

> **Empfehlungen zur Beurteilung der (Geschäfts-)Zielerreichung:**
> - Geben Sie aus Ihrer Sicht als Vorgesetzter eine differenzierte Einschätzung hinsichtlich der Tätigkeit und Zusammenarbeit ab. Diese sollte bei Bedarf durch konkrete und für den Mitarbeiter nachvollziehbare Beispiele zu unterlegen sein.
> - Optimalerweise wurde im Rahmen der Zielvereinbarung das angestrebte Ziel konkret beschrieben, bspw. anhand der S-M-A-R-T-Kriterien.
> - Finden Sie, wenn möglich, mit dem Mitarbeiter einen Konsens in der Beurteilung des Zielerreichungsgrades. Wenn keine übereinstimmende Einschätzung möglich ist: Auch Abweichungen in der Einschätzung und die Gründe dafür verdienen, grundsätzlich diskutiert und festgehalten zu werden.

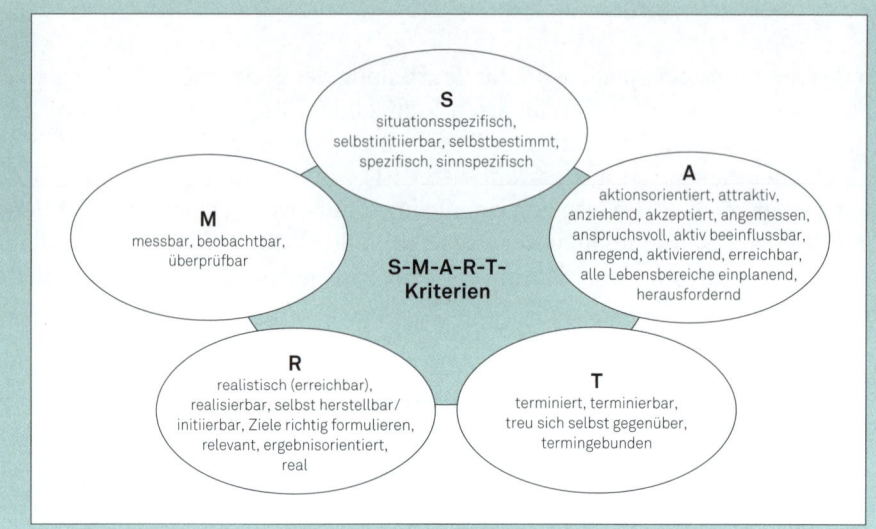

Abbildung 17: Überblick über den Bedeutungsraum der S-M-A-R-T-Kriterien

- Werfen Sie auch einen Blick darauf, welche Aspekte für die Zielerreichung eher förderlich und welche eher hinderlich waren. Beziehen Sie sich dabei nicht nur auf materielle Ressourcen, sondern auch auf die Qualität der Zusammenarbeit mit den Kollegen sowie auf Einstellungen, Werthaltungen und die Qualifikation des Mitarbeiters. Darüber hinaus kann dabei auch die Rolle des Vorgesetzten in den Blick genommen werden.

- Beschlussphase

In der *Beschlussphase* werden neue Ziele mit dem Mitarbeiter vereinbart oder festgelegt, die sich primär an seinen Aufgaben und Projekten orientieren sollten, ohne dabei Verhaltens- und Entwicklungsziele zu vernachlässigen. Die gemeinsam erarbeiteten Kriterien für eine erfolgreiche Zielerreichung sollten möglichst konkret sein und schriftlich festgehalten werden.

Doppler und Lauterburg (2014) gehen über die vielfach verwendeten S-M-A-R-T-Kriterien hinaus und nennen elf Grundsätze für die *Vereinbarung von Zielen*, wobei diese Grundsätze zum einen die Charakteristik von Zielen betreffen und zum anderen auf förderliche Aspekte der Zielerreichung fokussieren:
1. Ziele müssen hochgesteckt, aber realistisch und erreichbar sein
2. Klare Beschreibung des zu erreichenden Zustandes
3. Die Zielerreichung messbar/überprüfbar machen
4. Handlungsspielraum und Grenzen definieren

5. Zeit und Meilensteine planen
6. Ein Ziel muss kompatibel sein mit anderen Zielen
7. Vernetzungen sicherstellen, Interdependenzen klären
8. Aufwand abschätzen
9. Zielcontrolling und Zielaudit sicherstellen
10. Prioritäten nach Wichtigkeit und Dringlichkeit beurteilen
11. Weniger ist mehr

> **Empfehlungen zur Planung und Vereinbarung neuer (Geschäfts-)Ziele:**
> - Hier zeigt die Praxis, dass es vorteilhaft für beide Seiten ist, wenn die Vorschläge für neue Ziele vom Mitarbeiter selbst kommen. Auf diesem Weg erhöhen sich der Grad der Identifikation mit den Zielen und die empfundene Verpflichtung. Zudem ist aufseiten des Mitarbeiters häufig ein hohes Maß an Sachkenntnis gegeben, welche Ziele sinnvoll und realistisch für seine eigene Tätigkeit sind.
> - Ergänzen Sie diese um Ihre Sicht als Vorgesetzter und erläutern Sie den Zielbeitrag des Mitarbeiters innerhalb der Oberziele der Organisation.
> - Treffen Sie konsensual und gegenseitig verbindlich die neuen Zielvereinbarungen. Halten Sie diese schriftlich z. B. unter Anwendung der elf Kriterien von Doppler und Lauterburg fest und unterschreiben Sie beide die Zielvereinbarungen.
> - Hierbei ist es nicht zwingend notwendig, die Vereinbarung sofort im Rahmen des Gesprächs zu unterschreiben. Sie können die konkrete Ausformulierung auch dem Mitarbeiter überlassen und einige Tage später das Dokument gegenzeichnen. Beide Seiten sollten ein Exemplar erhalten oder Zugriff auf dasselbe elektronische Dokument haben.

Nachdem der bisherige Teil des Mitarbeitergesprächs vornehmlich um Geschäfts- oder Sachziele gekreist ist, empfiehlt es sich nun, einen *Perspektivenwechsel* vorzunehmen. (Natürlich findet sich in der Praxis diese exakte Trennung der Gesprächsthemen nicht, es ist aber wertvoll, zwei Gesprächsschwerpunkte voneinander abzugrenzen und dem Mitarbeiter diese unterschiedlichen Schwerpunkte auch klar zu verdeutlichen.)

Bei diesem Gesprächsschwerpunkt sollte es um Aspekte des Arbeitsumfeldes, der Mittelausstattung, der Kapazitätsplanung, des Teamworks, der Führung des Mitarbeiters durch seinen Vorgesetzten und, sofern gegeben, um den Führungsstil des Mitarbeiters gegenüber seinen nachgeordneten Mitarbeitern gehen. Dabei ist eine ähnliche Logik wie bei der Planung und Vereinbarung der Geschäftsziele zu verfolgen. Auch hier erhält der Mitarbeiter zunächst die Möglichkeit, seine eigene Perspektive zu erläutern. Vorgesetzte sollten den Mitarbeiter nicht zu früh durch Kommentierungen und Einwände unterbrechen und seine Statements unterbinden. Ansonsten wird der Mitarbeiter seine Sichtweise nur „angepasst" darstellen, und der Vorgesetzte hat so unter Umständen jede Möglichkeit verloren, die vom Mitarbeiter erwähnten Aspekte fruchtbar aufzugreifen und im gemeinsamen Interesse zu Fortschritten zu kommen. Im ungünstigsten Fall bleiben dem Vorgesetzten ansonsten etwaige kontraproduktive Entwicklungen verborgen und er gibt sich der Illusion hin, alles sei in bester Ordnung, da der Mitarbeiter vom Vorgesetzten unbemerkt Gefolgschaft lediglich simuliert.

> **Exkurs: Zielvorgabe versus Zielvereinbarung?**
>
> *Wird durch Wechselseitigkeit aus einer Zielvorgabe eine Zielvereinbarung?*
>
> Im Unternehmensalltag taucht im Rahmen von Zielvereinbarungsprozessen immer wieder die Frage auf, ob es grundsätzlich überhaupt möglich ist, dass ein Vorgesetzter mit einem ihm zugeordneten Mitarbeiter eine Zielvereinbarung trifft. Oder handelt es sich in der Praxis letztlich immer um eine Zielvorgabe? Dieser Logik folgend haben mittlerweile einige Organisationen den Begriff „Zielvereinbarungen" aufgegeben und sprechen wieder grundsätzlich von Zielvorgaben. Gleichwohl bleibt die Frage aktuell, ob durch gelungenen Dialog und Wechselseitigkeit aus einer Zielvorgabe nicht doch eine Zielvereinbarung werden kann.
>
> Aus Sicht von zahlreichen Betriebspraktikern ist die letzte Frage durchaus mit „Ja" zu beantworten. Nimmt man besonders den Teil des Mitarbeitergesprächs zur Zusammenarbeit ernst, so kann hier aus den Erwartungen an die Unterstützung des Vorgesetzten durchaus eine Zielvereinbarung mit ihm erwachsen. Sei es eine Vereinbarung zur Einhaltung regelmäßiger Besprechungen, die explizite Coachingvereinbarung bei Übernahme eines bestimmten Projektes, das bisher ausschließlich beim Vorgesetzten lag, oder eine appellartige Vereinbarung, dass der Vorgesetzte seine Aufmerksamkeit auf ein bestimmtes Verhalten (z. B. ungehaltene Reaktionen auf berechtigte Fragen, wenn der Vorgesetzte unter Stress steht) richtet, mit dem der Mitarbeiter Schwierigkeiten hat.

Für die Planung der *Entwicklungsziele* sollten sich beide Gesprächspartner die Frage stellen, welche Unterstützungsmaßnahmen der Mitarbeiter zur erfolgreichen Arbeit in der kommenden Periode benötigt. Dem vorausgeschickt sei, dass ein Blick auf Entwicklungsvereinbarungen aus der abgelaufenen Periode erfolgen sollte. Inwieweit waren diese hilfreich im geplanten Sinne? Welche Vorhaben erwiesen sich als unrealistisch etc.?

> **Empfehlungen zur Vereinbarung neuer (Verhaltens-, Entwicklungs- und Team-)Ziele:**
>
> - Treffen Sie konsensual und gegenseitig verbindlich die neuen Zielvereinbarungen zu Verhaltens- und Teamzielen. Auch wenn es an dieser Stelle schwerer fallen mag, sei hier die Anwendung der S-M-A-R-T- oder anderer oben vorgestellter Kriterien dringend angeraten.
> - Halten Sie auch in diesem Fall die Vereinbarungen schriftlich fest und unterschreiben Sie diese abschließend beide.

Aspekte der *Personalentwicklung* gehören zu den zentralen Inhalten des Mitarbeitergesprächs. Im folgenden Kasten werden die am häufigsten eingesetzten indirekt unterstützenden Maßnahmen sowie die direkten Personalentwicklungsmaßnahmen für Mitarbeiter genannt.

> **Mitarbeiterentwicklungsmaßnahmen**
>
> ☐ Firmeninterne Seminare oder Workshops (im/außer Haus)
> ☐ Seminare und Workshops externer Anbieter
> ☐ Selbstgesteuertes Lernen (Online-Lernplattformen, Bücher, Videos, E-Learning, Blended Learning)
> ☐ Postgraduale Kurse an Universitäten
> ☐ Sonstige universitäre Angebote
> ☐ Mentoring
> ☐ Coaching (intern oder extern, langfristig oder projektbezogen)
> ☐ Regelmäßige Feedbackgespräche mit dem Vorgesetzten
> ☐ Beratung zur individuellen Standortbestimmung (durch Personalabteilung, externe Berater oder interne Mentoren)
> ☐ On-the-Job-Training
> ☐ Besuche in anderen Betriebsstätten, Niederlassungen, Fremdfirmen und bei anderen Kooperationspartnern
> ☐ Networking
> ☐ Erfahrungsaustauschkreise (z. B. Kaminabende)
> ☐ Sonderprojekte
> ☐ Job Rotation und Job Enlargement
> ☐ Projektarbeit (Projektleitung oder Mitgliedschaft)
> ☐ Auslandsentsendungen
> ☐ Übernahme von Lehraufträgen an Hochschulen
> ☐ Corporate-Social-Responsibility- oder Corporate-Sustainability-Aktivitäten
> ☐ Seitenwechsel
> ☐ Teilnahme an sozialen Projekten

Eine weitere Frage im Kontext der Personalentwicklung im Rahmen des Mitarbeitergesprächs betrachtet die berufliche Weiterentwicklung bzw. *Karriereentwicklung* des Mitarbeiters. Hier empfiehlt sich der Gedankenaustausch über Ambitionen und bisherige Erfolge des Mitarbeiters sowie über realistische Anforderungen und Chancen aus der Unternehmensperspektive. Auch wenn sich bisherige Planungen verändert haben (persönlich oder strukturell bedingt), sollten die Ursachen dafür hinreichend genau analysiert und besprochen werden.

Ein sinnvoller Einstieg ist ein Dialog darüber, was für den Mitarbeiter beruflichen Erfolg ausmacht. Was bedeuten für ihn „Karriere" bzw. berufliche Zufriedenheit und Anerkennung? Welche Aufstiegs- und Entwicklungsmodelle bietet die Organisation? Gibt es Hilfen in der Organisation, eigene Berufsvorstellungen zu konkretisieren (z. B. Standortbestimmungen oder Development Center, die das Personalwesen anbietet)? Ein praktisches und im MAG einfach anzuwendendes Instrument sind die sog. „Karriereanker" (Schein, 2004), in denen z. B. Motive, Werthaltungen und Fähigkeiten acht verschiedenen Grundorientierungen bzw. Mustern von Karriereverläufen zugeordnet werden. Diese Karriereanker können besonders bei der *Laufbahnplanung* hilfreich sein, da sie eine Überprüfung der Passung innerer Werte und Vorstellungen mit der angestrebten Karriere ermöglichen. Zu den acht Karriereankern zählen etwa Autonomie, technisch-funktionelle Kompetenz oder Sicherheit/Stabilität.

Für die Laufbahnplanung eines Mitarbeiters ist die Identifizierung realistischer Karriereziele im Mitarbeitergespräch entscheidend. Angesichts der flacher werdenden Hierarchien in Organisationen und der Unwägbarkeiten von Fusionen, Mergers, Outsourcing, Ausgründungen oder internen Reorganisationen ist jeder Beschäftigte gut beraten, von der Idee linearer oder exakt vorgezeichneter Karrierewege (i. S. der Wortherkunft von frz. „carrière", (Pferde-)Laufbahn) zugunsten offenerer Konzepte Abschied zu nehmen.

Alle Mitarbeiter sollen unausweichlich flexibler, anpassungsfähiger und kreativer werden, um neue Herausforderungen zu identifizieren und zu bewältigen – so wird es vielfach in der (organisationalen) Öffentlichkeit gefordert. Dabei ist es hilfreich, sich folgende grundsätzliche *Typen von Entwicklungsschritten* zu vergegenwärtigen, die dazu dienen mögen, den Erfahrungshorizont zu verbreitern, Erfahrungen punktuell zu vertiefen, Fähigkeiten abzurunden oder die z. B. dazu beitragen können, sich für nächste, neue Aufgaben zu qualifizieren:

- *Erkundung neuer Aufgabengebiete* (Exploration): Identifikation neuer Tätigkeiten, die mit den persönlichen Werten, Interessen und Fähigkeiten kompatibel sind.
- *Versetzung auf gleicher Ebene* (Job Rotation – Lateral Move): Wechsel auf eine gleichrangige Position im Unternehmen, nicht notwendigerweise verbunden mit einem erhöhten Gehalt oder Status. (Förderung ist nicht notwendiger Weise identisch mit Be-Förderung.)
- *Arbeitsplatzanreicherung* (Job Enrichment): Anreicherung der derzeitigen Tätigkeit um anspruchsvollere Arbeitsinhalte, häufig im Rahmen von Projektarbeit.

- *Arbeitsplatzerweiterung* (Job Enlargement): Ausweitung des Arbeitsgebietes um weitere Aufgaben mit ähnlichem Anspruchsniveau.
- *Downshifting:* Um die persönlichen Interessen und die Anforderungen des Arbeitslebens besser auszubalancieren, entscheiden sich gelegentlich auch Mitarbeiter dazu, eine Tätigkeit mit weniger Verantwortung, Status oder Gehalt als bisher zu übernehmen. Dies hat häufig weniger mit Überforderung in der aktuellen Tätigkeit zu tun als vielmehr mit einer aktiven Entscheidung im Rahmen der persönlichen Work-Life-Balance oder mit dem Wunsch oder der Erfordernis, ganz andere Aufgaben, wie z. B. die Pflege von Angehörigen, wahrzunehmen.
- *Arbeitsumfeldwechsel:* Als Variante einer aktiven Auseinandersetzung mit den eigenen Karrieremöglichkeiten kommt auch ein Wechsel infrage. Dies bedeutet ggf. einen anderen Vorgesetzten, eine andere (Teil-)Organisation oder ein anderes Unternehmen zu wählen und dabei das Aufgabenprofil weitgehend beizubehalten.
- *Beförderung* (Vertical Move).

- Abschlussphase

In der *Abschlussphase* eines Gesprächs sollte eine positive Stimmung hergestellt werden, damit der weitere Kontakt erleichtert wird und dem Mitarbeiter das Gespräch in positiver Erinnerung bleibt. Dies ist vor allem bei Gesprächen, die der Mitarbeiter als belastend erlebt, von besonderer Bedeutung. Durch als aufrichtig empfundenen Dank und wertschätzende Äußerungen zum Gesprächsverlauf oder -abschluss kann das positive Erleben eines Kontaktes gefördert werden.

> **Empfehlungen zur Reflexion des Gesprächsverlaufes:**
>
> Ein Blick vom „Feldherrnhügel" auf den Schauplatz des Gesprächs (i. S. von Metakommunikation, vgl. Abschnitt 2.1.1) zum Gesprächsabschluss rundet das MAG ab:
> - Haben wir gemeinsam die Ziele des Mitarbeitergesprächs erreicht?
> - Wie sind wir mit Konflikten im Gespräch umgegangen?
> - Wie gut konnten die Gesprächspartner mit Feedback (positivem wie negativem) umgehen?
> - Sind die vereinbarten Ziele wirklich S-M-A-R-T?
> - Was wünschen sich die Gesprächspartner für den Ablauf des nächsten MAGs?
> - Was an positiven Erfahrungen sollte für das nächste Gespräch unbedingt mitgenommen werden?

In der Regel sollten getroffene Vereinbarungen wie Zielvereinbarungen für die kommende Periode, die Festlegung des Grades der Zielerreichung für die letzte Periode, aber auch besprochene Entwicklungsmaßnahmen *schriftlich fixiert* werden. Häufig liegen hierfür spezielle Formulare vor, die von der Führungskraft und dem Mitarbeiter ausgefüllt und gegengezeichnet werden sollen. Am Ende des Gesprächs sollte zudem ein Termin, wenn nicht sogar mehrere Termine, für eine Zwischenbilanz der Zielerreichung vereinbart werden. Falls sich sowohl für den Vorgesetzten wie auch für den Mitarbeiter vor diesem Termin deutliche Änderungen der Ziele oder erkennbare Einschränkungen bei der Erreichbarkeit ergeben, sollte möglichst unverzüglich erneut das Gespräch gesucht werden. Nur so können Fehlentwicklungen zeitnah korrigiert und minimiert werden, sodass man mit der Zielerreichung nicht hoffnungslos ins Hintertreffen gerät.

4.1.3 Gesprächsnachbereitung

In der Nachbereitungsphase kann zum einen evaluiert werden, ob und in welchem Umfang die angestrebten Ziele des Gesprächs auch erreicht wurden und welche Ursachen für die Erreichung oder Nichterreichung vorliegen. Zum anderen sollten möglichst konkrete *Handlungspläne* zur Umsetzung der im Gespräch getroffenen Vereinbarungen erstellt werden. Diesbezüglich werden die fixierten Gesprächsergebnisse und Vereinbarungen in der Regel an die Personalabteilung weitergegeben, die die Unterlagen archiviert, Auswirkungen von Zielerreichungen bei der Entgeltbestimmung berücksichtigt und Planung sowie Organisation von Weiterbildungsmaßnahmen in die Wege leitet.

Allgemeine Durchführungsprinzipien von Mitarbeitergesprächen geben Orientierung während des Gesprächs und sollen verhindern, dass wichtige Aspekte übersehen werden. Dennoch ist es nicht sinnvoll, in jedem Fall an dieser Phasenreihenfolge starr festzuhalten, wenn der Gesprächsverlauf eine andere Abfolge nahelegt. Eine flexible Abweichung vom vorher erarbeiteten Gesprächsleitfaden sollte entsprechend der aktuellen Gesprächssituation umgesetzt werden können. Es ist nie hilfreich, wenn z. B. der Vorgesetzte „auf Teufel komm raus" seinen Plan „durchholen" will.

4.2 Evaluation

Wie bereits in Abschnitt 4.1 dargestellt, ist die Überprüfung des MAGs in Bezug auf seine Effektivität und Wirksamkeit nicht nur in der Implementierungsphase ein wichtiger Bestandteil des MAG-Prozesses. Veränderungen in der Unternehmensumwelt, wie technischer Fortschritt, wachsender Wettbewerb, politische Regularien bzw. Neuorientierungen oder aber Akquisitionen sowie die Bildung von Joint Ventures können dazu führen, dass (neben einer völligen Revision vereinbarter Ziele) auch ehemals funktionsfähige Gesprächsleitfäden und Kommunikationsprozesse an Bedeutung und Funktionsfähigkeit verlieren. Aus diesem Grund sollten die Konzeption und die Durchführung des Mitarbeitergesprächs stets offen für Veränderungen sein (siehe z. B. Berndt & Castresana, 2018).

Eine *Evaluation* kann hierbei mit unterschiedlichen Schwerpunkten durchgeführt werden. König und Volmer (2012) unterscheiden beispielsweise fünf verschiedene Formen:
- *Ziel-Evaluation* (Festlegung und Überprüfung der Ziele, die erreicht werden sollen – vor dem MAG)
- *Prozess-Evaluation* (Überprüfung des Ablaufes – direkt nach dem MAG)
- *Input-Evaluation* (Feststellung und Bewertung der Kosten, die entstanden sind – nach dem MAG)
- *Output-Evaluation* (Überprüfung des Erfolges und des Nutzens – nach dem MAG)
- *Outcome-Evaluation* (Feststellung langfristiger Konsequenzen – deutlich nach dem MAG)

Insgesamt eignen sich für die Evaluation des MAGs zum einen qualitative Daten und zum anderen die Verwendung von *objektiven Kennzahlen*. Diese sollten möglichst früh – am besten bereits in der Implementierungsphase – festgelegt und erhoben werden. Mögliche Kennziffern für das MAG sind die Beteiligungsrate der Mitarbeiter und die prozentuale Beteiligung der Führungskräfte an Schulungen zum MAG. Bei den *qualitativen Daten* handelt es sich um Einschätzungen der am Prozess beteiligten Parteien, die durch Fragebögen oder Interviews gewonnen werden können. Durch Fragen sollen gezielt Stärken und Schwächen des MAG-Prozesses aufgedeckt werden. Eine Liste von *Leitfragen* zur Beschreibung und Bewertung von Leistungssystemen lässt sich in Weiterführung einer Veröffentlichung von Wittkuhn und Bartscher (2001) zusammenstellen. Die Fragen können prinzipiell auch bereits bei der Implementierung oder Vorbereitung von Mitarbeitergesprächen Anwendung finden.

Leitfragen zur Bewertung von Leistungssystemen

Ziele

- Liegt eine hinreichend konkrete Beschreibung der Ziele vor?
- Werden die zu erreichenden Standards deutlich gemacht?
- Sind dem Mitarbeiter diese Ziele und Standards bekannt?
- Ist über diese Ziele und Standards mit dem Mitarbeiter eine tragfähige Übereinkunft erzielt worden?

Feedbackinformation

- Erhält der Mitarbeiter regelmäßig verwertbare Informationen über den aktuellen Stand seiner Leistungen?
- Sind diese Informationen als hinreichend aktuell, präzise und verlässlich anzusehen?
- Sind diese Informationen auch für das Management transparent?

Konsequenzen

- Folgen aus dem Erreichen der vereinbarten Leistungen positive Konsequenzen?
- Entstehen negative Konsequenzen beim Nichterreichen der vereinbarten Leistungen?
- Sind dem Mitarbeiter diese Konsequenzen bekannt?
- Ist über diese Konsequenzen mit dem Mitarbeiter eine tragfähige Übereinkunft erzielt worden?

Mitarbeiter

- Verfügt der Mitarbeiter über die zur erfolgreichen Leistungserbringung notwendigen Fähigkeiten und Fertigkeiten?
- Verfügt der Mitarbeiter über die zur erfolgreichen Leistungserbringung förderlichen Kenntnisse und das notwendige Wissen bzw. die notwendigen Kompetenzen?
- Verfügt der Mitarbeiter über die zur erfolgreichen Leistungserbringung hinreichenden Erfahrungen?

Input/Arbeitsleistung

- Entspricht die Leistung des Mitarbeiters qualitativ den Anforderungen?
- Liefert der Mitarbeiter seine Ergebnisse zeitgerecht?
- Sind die Arbeitsergebnisse des Mitarbeiters ohne zusätzlichen Aufwand im Prozess (weiter-)verwendbar?

Umfeld

- Wird der Mitarbeiter von seinem Team bei der Leistungserbringung angemessen unterstützt?

Design

- Unterstützt die Struktur des Arbeitsplatzes die Informationsweitergabe und Leistungserbringung?

Ressourcen

- Stehen dem Mitarbeiter sämtliche zur Erfüllung seiner Aufgaben förderlichen Ressourcen in Form von Arbeitsmaterialien und Informationen zur Verfügung?
- Wird der Mitarbeiter hinreichend und umfassend durch das Management informiert und unterstützt?

Werden Abweichungen zwischen den gewünschten Effekten des Mitarbeitergesprächs und den tatsächlichen Folgen festgestellt, so kann in einem nächsten Schritt überlegt werden, welche *Interventionen* zur Verbesserung des Instruments

Mitarbeitergespräch eingeleitet werden können. Selbstverständlich sind bei Optimierungsmaßnahmen betriebswirtschaftliche Überlegungen z. B. hinsichtlich Aufwand und Ertrag nicht außer Acht zu lassen. Gleichwohl werden die betriebswirtschaftlichen Effekte einer positiven (also förderlichen, zuträglichen, offenen) Gesprächskultur in Organisationen meist gravierend unterschätzt, sodass sich Investitionen in diesem Bereich sowohl unter kurz- und mittelfristiger Perspektive wie auch als Langzeitmaßnahmen sehr wohl rentieren.

Schwierigkeiten bereitet allerdings häufig der exakte Nachweis dieser Effekte. Leipold (2011) stellt in diesem Kontext einen Evaluationsbericht zum Mitarbeitergespräch an der Johannes Gutenberg-Universität in Mainz auf der Basis der Ergebnisse einer Mitarbeiterbefragung vor (siehe Tabelle 7 in Abschnitt 3.3). Grundsätzlich ist nicht zu verkennen, dass die Auswirkungen einer negativen (also hinderlichen, abträglichen, abgeschotteten) Gesprächskultur sich geradezu zu einer Zeitbombe für die Prosperität jeder Organisation entwickeln können. Dies gilt insbesondere dann, wenn die eigentlich obligatorischen Mitarbeitergespräche in der Praxis kaum durchgeführt werden, also der Durchdringungsgrad in der Organisation bei Weitem nicht ausreichend ist.

In unter starkem Marktdruck stehenden Organisationen, in denen permanent Prozesse verschlankt und optimiert werden, was auch vor den Instrumenten der Führungsarbeit wie dem Mitarbeitergespräch nicht halt macht, stehen MAGs in der Gefahr, auf reine Leistungsbeurteilungs- und Zielsetzungs- (im besten Fall: Zielvereinbarungs-)Gespräche zurückzufallen. Jiranek und Edmüller (2017) plädieren neben dem klassischen Jahresgespräch auch für ein institutionalisiertes, anlassfreies MAG mit ausreichendem Raum für den persönlichen Austausch. Dies kann sich positiv auf die Motivation des Mitarbeiters auswirken, entfaltet häufig eine konfliktpräventive Funktion und stärkt die Bindung des Mitarbeiters an das Unternehmen und seine Führungskraft.

> **Exkurs: Der Overload für das Mitarbeitergespräch?**
>
> Betrachtet man die einschlägige Literatur zum Mitarbeitergespräch, so mag der Eindruck entstehen, das Mitarbeitergespräch sei so etwas wie die „eierlegende Wollmilchsau" oder das „Multifunktions-Schweizer-Offiziersmesser" der Führungsarbeit. Bei den vielfältigen Facetten, die in einem Gespräch bearbeitet werden sollen, stellt sich die Frage, ob dies wirklich in *einem*, längeren, möglicherweise dann mehrstündigen Gespräch erreicht werden soll und kann (vgl. dazu auch Trost, 2015 und Abschnitt 4.4.5). Ermüdungsaspekte der Gesprächspartner scheinen dabei ebenso eine Rolle zu spielen wie die Verquickung von Aspekten der Zielerreichungsbeurteilung mit denen der allgemeinen Entwicklungschancen. Gestmann berichtet dazu bereits 2004 von einem Ansatz eines Automobilzulieferers aus Stuttgart. Dort wird das Mitarbeitergespräch in vier *Etappen* entzerrt:

- Das Zielvereinbarungsgespräch　　　　　　　　　　　　　4. Quartal
  Ziel: Vorgesetzter und Mitarbeiter legen auf Basis der individuellen Balanced Scorecard quantitative und qualitative Ziele für das folgende Jahr fest.

- Der Employee Performance Review　　　　　　　　　　　　1. Quartal
  Ziel: Vorgesetzter und Mitarbeiter besprechen die jeweils erreichten Ergebnisse, die auch Grundlage für die Bonusvergütung sind.

- Die Management Development Discussion　　　　　　　　2. Quartal
  Die Team- und Abteilungsleiter diskutieren Leistungen, Gestaltungswillen und Einsatzmöglichkeiten ihrer Mitarbeiter, beurteilen diese und besprechen mögliche Personalentwicklungsmaßnahmen.

- Der Employee Development Dialogue　　　　　　　　　　　3. Quartal
  Der Vorgesetzte bespricht mit jedem Mitarbeiter, wie dessen Leistungen und Leadership-Qualitäten eingeschätzt werden und welche Entwicklungsmaßnahmen geplant sind. Konkrete Maßnahmen werden daraufhin vereinbart.

Die Verteilung über mehrere Etappen scheint auch unter dem Aspekt zu befürworten zu sein, dass damit das Thema Mitarbeiterführung und -gespräch nicht im „worst case" zum singulären Ereignis verkommen kann, sondern die Vorgesetzten-Mitarbeiterbeziehung über das Jahr hinweg begleitet. Möchte man am obigen Modell konzeptionelle Kritik üben, dann allenfalls an der außerordentlich langen zeitlichen Distanz zwischen der Zielvereinbarung und den Entwicklungsmaßnahmen. Hier ist eine engere Verknüpfung zwischen den Zielen und den dazu erforderlichen und ggf. noch zu entwickelnden/zu trainierenden Kompetenzen durchaus sinnvoll.

4.3　Häufige Gesprächsformen

Wie bereits in Abschnitt 1.2 dargestellt, existieren zahlreiche Bezeichnungen für das Mitarbeitergespräch, hinter denen sich zum Teil ganz unterschiedliche Gespräche verbergen, die sich durch den Anlass, die Initiierung und das Vorgehen, aber auch durch das anvisierte Ergebnis unterscheiden. Im Folgenden werden die *anlassbezogenen* Mitarbeitergespräche näher erläutert, die man am häufigsten in der Unternehmenspraxis antrifft. Dies sind Feedbackgespräche, Beurteilungsgespräche, Personalentwicklungsgespräche und Konfliktgespräche sowie Rückkehrgespräche, Austritts- bzw. Kündigungsgespräche. Auch wird in diesem Abschnitt der Einsatz von Mitarbeitergesprächen im Rahmen von Auswahlverfahren thematisiert.

Kenntnis über die Auswirkungen einzelner *Gesprächstypen* ist insbesondere deshalb wichtig, da im Fall des Misslingens eines Gesprächs bei dem Mitarbeiter negative Reaktionen ausgelöst werden können. Dies können z. B. Gefühle der persönlichen Kränkung (nicht von ungefähr hat „Kränkung" den gleichen Wortstamm wie der Begriff „krank") sein. Zudem kann auch die Beziehung zwischen dem Vorgesetzten und seinem Mitarbeiter darunter leiden, oder aber der Mitarbeiter ist nachhaltig demotiviert. Dies kann letztlich bis zur inneren Kündigung führen (vgl. Rischar, 2011).

4.3.1 Das Feedbackgespräch

Das *Feedbackgespräch* kann grundsätzlich – abhängig von der Leistung und dem Verhalten des Mitarbeiters – in zwei verschiedenen Formen durchgeführt werden, als Anerkennungs- oder Kritikgespräch bzw. als Kombination aus beidem (siehe von Rosenstiel, 2014). Diese Gesprächsform wird in Bezug auf die Rückmeldung zu einem bestimmten Arbeitsergebnis oder Verhalten durchgeführt. Tabelle 12 zeigt generelle Leitlinien zur Thematik auf (siehe auch die Grundregeln für das Geben von Feedback in Abschnitt 2.2).

Anerkennungsgespräche werden in der Regel deutlich seltener durchgeführt als Kritikgespräche, da die Ausgangslage keinen Sachzwang nach sich zieht. Während bei guten Arbeitsergebnissen vermeintlich alles so weiterlaufen kann wie gehabt („wenn es gut läuft, sage ich nichts"), werden schlechte Arbeitsergebnisse dem jeweiligen Mitarbeiter häufig umgehend mitgeteilt, um weitergehende Schäden für die Organisation zu verhindern. Es sollte jedoch in der Praxis nicht vergessen werden, dass *Anerkennungsgespräche*, die in unmittelbarer zeitlicher Nähe zum anerkennenswerten Arbeitsergebnis geführt werden, eine hohe motivationale Wirkung haben und häufig weitere gute Leistungen nach sich ziehen, also den Betroffenen im positiven Sinne zum „Wiederholungstäter" machen.

Sarges (1995) verweist in diesem Zusammenhang darauf, wie wichtig es ist, die richtigen Fragen zu stellen und gut zuzuhören, was kombiniert die Fähigkeit zum *Explorieren* ausmacht. Auf diese Weise werden die gewünschten „Erzählströme" gefördert, die Ansatzpunkte für ein weiteres zuträgliches Vorgehen liefern können.

Tabelle 12: Leitlinien zum Vorgehen bei Anerkennung und Kritik

	Anerkennung	Kritik
Wer?	Direkter Vorgesetzter (der auch Anerkennung nächsthöherer Vorgesetzter weitergeben kann); abweichend von dieser Leitlinie kann im Prinzip von jeder Person Anerkennung ausgesprochen werden	In der Regel der direkte Vorgesetzte
Was?	Erwünschte Leistungsergebnisse und Verhalten (nicht nur außergewöhnliche Leistungen, sondern auch gleichbleibend gute Leistungen)	Unerwünschte Leistungsergebnisse und Verhalten (wichtig: Sachverhalt einwandfrei klären und dem Mitarbeiter die Möglichkeit zur eigenen Darstellung geben)
Wo?	In der Regel unter vier Augen Auch möglich: Lob einer ganzen Arbeitsgruppe Im Ausnahmefall: Lob Einzelner vor der Gruppe	Unter vier Augen
Wie?	Ausdrücklich, detailliert, dem Sachverhalt angemessen (wichtig: Der Vorgesetzte muss sich exakt informiert haben) Ansonsten: Zweifel an der Glaubwürdigkeit	Sachlich, eindeutig (wichtig: Der Vorgesetzte muss sich exakt informiert haben) Schonung des Selbstwertgefühls (Nicht „plattmachen", Gesicht wahren lassen) Konstruktiv (aber auch nicht sofort die Schärfe herausnehmen)
Wann?	Am besten unmittelbar (sobald Vorgang überschaut werden kann)	Möglichst unmittelbar (nicht alte Geschichten immer wieder aufkochen) Aber förderlich: Ungestörte Atmosphäre Manchmal auch: Darüber schlafen, um die Wut verrauchen zu lassen
Weiterhin?	Sensibel bleiben, auch Teilerfolge anerkennen, evtl. gezielte Maßnahmen zur Förderung in Angriff nehmen	Den Mitarbeiter als Person nicht infrage stellen Hilfestellung anbieten, nicht nachtragen; bei wiederholten Schwierigkeiten: Offene Kontrollen ankündigen und durchführen

4.3.2 Das Beurteilungsgespräch

Bei dem *Beurteilungsgespräch* handelt es sich um die komplexeste Form des Mitarbeitergesprächs, da hier die meisten Facetten – von der Sachinformation über die Beziehungsklärung bis hin zum Feedback – angesprochen werden. Die Grundlagen für Beurteilungsgespräche sind, wie auch für Anerkennungs- und Kritikgespräche, Verhaltensmerkmale und Leistungsergebnisse sowie in diesem Zusammenhang recht häufig der Abgleich von Arbeitsergebnissen mit Zielvereinbarungen. Eine klassische Mitarbeiterbeurteilung versucht, das Verhalten und die Leistung eines Mitarbeiters möglichst ganzheitlich zu beurteilen (vgl. Stöwe & Beenen, 2013).

Anlässe für Beurteilungsgespräche können z. B. das Ende der Probezeit, Projektabschlüsse, Veränderungen wie ein Vorgesetztenwechsel oder aber institutionalisierte Regelbeurteilungen sein (Brenner, 2014). Dementsprechend sind neben der Feststellung des Ausmaßes der Zielerreichung auch die Festlegung neuer Zielvereinbarungen, ein regelmäßiges Feedback, die Vereinbarung von Förder- und Entwicklungsmaßnahmen sowie eine Verbesserung von Zusammenarbeit und Rahmenbedingungen Ziel des Beurteilungsgesprächs. Neben der Leistungsbeurteilung finden sich Beurteilungsgespräche häufig im Zusammenhang mit der Einschätzung des Potenzials eines Mitarbeiters (siehe auch Schuler & Görlich, 2018).

Das Beurteilungsgespräch ist in der Regel ein Vier-Augen-Gespräch zwischen einem Mitarbeiter und seinem direkten Vorgesetzten. Während der Vorgesetzte in Vorbereitung auf das Gespräch eine Beurteilung der Leistung und/oder des Verhaltens des Mitarbeiters vornimmt, hat der Mitarbeiter im Gespräch die Möglichkeit, hierzu Stellung zu beziehen und seine Einschätzungen zu ergänzen. Gleichzeitig sollte nach Möglichkeit eine Klärung bei abweichenden Wahrnehmungen erfolgen (vgl. Blickle, 2011; Lohaus, 2009). Um Stellung beziehen zu können, sollte bei der Beurteilung einer Leistung ausnahmslos auch eine Art *Selbstbeurteilung* durch den Mitarbeiter erfolgen, d.h. der Mitarbeiter sollte sich im Vorfeld unbedingt in systematischer Form Gedanken machen, wie er sich selbst einschätzt. Ansonsten kann der notwendige Abgleich zwischen Selbstsicht und Fremdsicht nicht erfolgen. Die „Selbstbeurteilung" des Mitarbeiters muss dabei keineswegs in Form eines ausgefüllten Beurteilungsbogens vorliegen – vielmehr geht es um eine intensive Beschäftigung mit den eigenen Stärken und Schwächen. So können im Gespräch etwaige Abweichungen zwischen der Sicht des Vorgesetzten und der des Mitarbeiters fruchtbar diskutiert werden. Fiege et al. (2014) geben eine beispielhafte Übersicht über Ablauf und inhaltliche Aspekte eines Beurteilungsgesprächs (siehe Abbildung 18).

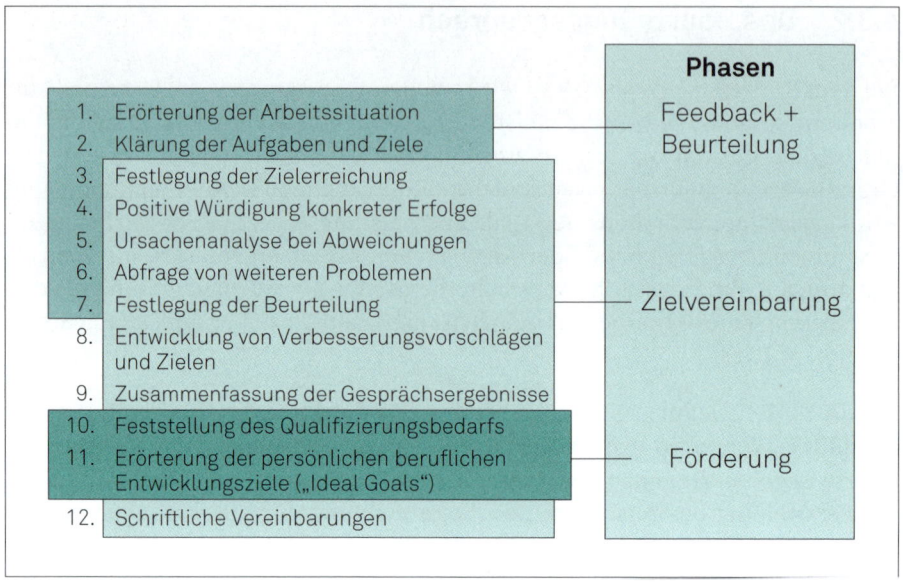

Abbildung 18: Ablauf und Inhalt eines Beurteilungsgesprächs

Blickle (2011) grenzt verschiedene Zielrichtungen von Beurteilungsverfahren voneinander ab. Je nach Hintergrund des Beurteilungsgesprächs finden sich vor allem zielorientierte Beurteilungsverfahren und die *freie Eindrucksschilderung*. Letztere wird häufig dann eingesetzt, wenn bspw. Potenzial und Förderbedarfe von Führungskräften oder Führungskräftenachwuchs beurteilt werden sollen. Hierbei werden Eigenschaften und Verhaltensweisen von Mitarbeitern in Bezug auf ein gewünschtes Zielprofil anhand bestehender Eindrücke beurteilt. Dieses Verfahren ist allerdings sehr subjektiv und situationsabhängig.

Bei den *zielorientierten Beurteilungsverfahren* ist es bedeutsam, dass möglichst frühzeitig eine Bewertungsskala festgelegt und an den Mitarbeiter kommuniziert wird, damit Missverständnissen und Fehlwahrnehmungen vorgebeugt werden kann (vgl. Hölzl & Raslan, 2013). Allerdings ist die Zielerreichung stets ein Zusammenspiel aus der individuellen Leistung, situativen und strukturellen Einflüssen. Für das Ziel einer fairen und akzeptierten Beurteilung ist es unerlässlich, dass der Vorgesetzte sorgfältig abwägt, welche Faktoren der Mitarbeiter beeinflussen und welche er nicht beeinflussen konnte. Für eine möglichst objektivierte Beurteilung ist es zudem immer wichtig, sich die verschiedenen Beurteilungsfehler und -tendenzen zu vergegenwärtigen (siehe Abschnitt 4.5.2).

Nicht außer Acht zu lassen ist auch die sog. *„strategische Selbstbeurteilung"*, die nicht selten vom Mitarbeiter vorgenommen wird, um in Antizipation der Beurteilung des Vorgesetzten einen möglichst hohen Ankerreiz zu setzen. Hierbei wird vom Mitarbeiter eine geschönte Selbstbeurteilung vorgenommen, um im Rahmen eines erhofften Aushandlungsprozesses des Beurteilungsergebnisses positiver abzuschneiden. Die kritische Konsequenz einer solchen Vorgehensweise ist, dass die Führungskraft kein realistisches Selbstbild des Mitarbeiters erhält, wodurch das Beurteilungsgespräch als Abgleich zwischen Selbst- und Fremdbild geradezu konterkariert wird. Hierdurch werden nicht zuletzt wichtige Wege zur Entwicklung und Förderung des Mitarbeiters verstellt, da dem Austauschprozess die Basis, nämlich das gegenseitige Vertrauen, entzogen wird.

Häufig werden Leistung und *Potenzial* in einem Gespräch diskutiert; hier sollte man sich allerdings im Klaren sein, dass eine positive Beurteilung mit Blick auf Verhalten und Ergebnisse nicht automatisch bedeutet, dass ein Mitarbeiter Potenzial für weitergehende, höherwertige Aufgaben besitzt (siehe Kasten).

> **Exkurs: Potenzialbeurteilung**
>
> Potenzialbeurteilungen werden vorgenommen, um die derzeitige oder aber zukünftige Eignung von Mitarbeitern für bestimmte Stellen oder Laufbahnen einzuschätzen. Als *Indikatoren* für Potenzial werden häufig Lernfähigkeit, Führungsmotivation und Gestaltungswille herangezogen.
>
> Man findet Potenzialbeurteilungen insbesondere im Rahmen des Talent Managements und bei der Nachfolgeplanung. Sinnvolle Beurteilungen sollten eng an das spezifische *Kompetenzmodell* einer Organisation geknüpft sein – in der Praxis umsetzbar ist dies allerdings nur im leider eher seltenen Fall, dass es sich bei dem Kompetenzmodell um einen auch tatsächlich empirisch fundierbaren Ansatz handelt (siehe Schuler, 2014; zur Thematik von Kompetenzmodellen siehe Krumm, Mertin & Dries, 2012).
>
> Potenzialbeurteilungen beschreiben nicht nur den Status quo (Performance), sondern sollten idealerweise auch eine *Prognose* der Entwicklungsfähigkeit von Verhaltensweisen und Fähigkeiten (Potenzial) umfassen. In aller Regel ist auch die Kernfrage „Potenzial für was?" hilfreich, um die Frage des Vorhandenseins und die Ausprägung von Potenzial zu klären und eine gerichtete Diskussion zu führen.

4.3.3 Das Personalentwicklungsgespräch

Das *Personalentwicklungs- oder Potenzialgespräch* zeichnet sich vor allem durch seine Zukunftsorientierung aus. Es ist von großer Wichtigkeit für die Organisation, um die Leistungsfähigkeit und -bereitschaft ihrer Mitglieder zu erhalten und zu erhöhen. Anlässe für ein solches Gespräch können interne Versetzungen, der Wegfall von Stellen und darin begründete Umbesetzungen, aber beispielsweise auch die Institutionalisierung einer Nachwuchsführungskräfteentwicklung sein.

Für das Vorgehen bietet sich zunächst eine Stärken-Schwächen-Analyse bzw. Potenzialbeurteilung an, die in der Regel vor dem Gespräch z. B. mit Unterstützung der Personalabteilung durchgeführt werden kann. Für diese Analyse eignet sich eine Reihe von Verfahren bis hin zu persönlichkeitsorientierten Fragebogenverfahren. Für einen umfassenden praxisnahen Überblick siehe z. B. Hossiep und Mühlhaus (2015). Neben der Analyse des Potenzials sollte der Mitarbeiter *Transparenz* über seine Aufstiegs- und Entwicklungsmöglichkeiten erhalten. Ziele können zum einen das Schließen von Leistungslücken und zum anderen die Qualifizierung in Hinblick auf neue berufliche Erfordernisse sein (vgl. Gutschelhofer, 2004).

4.3.4 Das Konfliktlösungsgespräch

Konfliktlösungsgespräche bedürfen einer besonders guten Vorbereitung der Führungskraft, da sie häufig sehr stark negativ besetzt und mit Befürchtungen oder sogar Ängsten aller beteiligten Gesprächspartner verbunden sind (vgl. Hug, 2013; Lippmann, 2013). Von anderen Gesprächsformen unterscheiden sie sich auch durch ihre Initiierung, da sie nur dann durchgeführt werden, wenn es einen konkreten Anlass gibt.

Das Konfliktlösungsgespräch unterscheidet sich von dem *Kritikgespräch* u. a. darin, dass es je nach Konflikt ggf. vonnöten sein kann, weitere Personen zu dem Gespräch hinzuzuziehen. Dies ist insbesondere dann sinnvoll, wenn nicht der Vorgesetzte an dem Konflikt beteiligt ist, sondern ein Dritter, während Kritikgespräche in der Regel als Vier-Augen-Gespräche geführt werden sollten. Neben der sofortigen Hinzuziehung aller an einem Konflikt beteiligten Personen kann es für die Führungskraft gleichsam als Konfliktmediator auch angezeigt sein, zunächst einzelne Gespräche mit allen Parteien zu führen, um sich einen Überblick über jede Perspektive zu verschaffen. Dies ist insofern relevant, als sich die Betroffenen ernst genommen fühlen können und der Eindruck von Voreingenommenheit abgemildert wird.

Letztlich kann der Führungsprozess insgesamt durchaus als Akt des Verhandelns verstanden werden. *Führen* bedeutet – vor allem im Konfliktfall – auch, Menschen dazu zu bewegen, etwas zu tun, was sie ohne diese Intervention (aus welchen Gründen auch immer) nicht ohne Weiteres tun würden. Im Klassiker der Verhandlungstechnik „Das Harvard-Konzept" (Fisher, Ury & Patton, 2018) geben die Autoren eine Reihe konkreter Empfehlungen (z. B. „Seien Sie hart in der Sache, aber sanft zu den beteiligten Menschen"), die auch im Mitarbeitergespräch hilfreich sein können.

Ein positiver wertschätzender Gesprächsbeginn sowie die sachliche und unmissverständliche Darstellung der Argumente erhöhen normalerweise die Bereitschaft des Mitarbeiters, sich mit dem Konflikt auseinanderzusetzen. Zudem sollte dem Mitarbeiter zu Beginn des Gesprächs die Möglichkeit der Darstellung des Konflikts aus seiner Sicht gegeben werden. Ein konstruktiver Umgang mit Konflikten wie das Schließen eines Kompromisses oder das Entwickeln einer Lösung kann immer auch der Anstoß zu positiven Veränderungen über die Lösung des Konfliktes hinaus werden. Fiege et al. (2014) schildern ein beispielhaftes Vorgehen (siehe Kasten).

Prototypischer Ablauf eines Konfliktlösungsgesprächs

- Bereitschaft zur Konfliktlösung bei allen Beteiligten klären
- Einsicht fördern, dass betriebliche bzw. organisationelle Notwendigkeiten zur Lösung bestehen
- Vorbereitung durch Einzelgespräche mit allen Konfliktbeteiligten ohne Wertung durch den Vorgesetzten
- Vereinbarung eines Zeitrahmens und von Regeln zur Gesprächsführung
- Offene Gesprächsatmosphäre durch Gesprächstechniken fördern (Spielregeln, Verbalisieren) sowie durch administrative Rahmenbedingungen (Sitzanordnung, Räumlichkeiten) unterstützen
- Situationsangemessener Einsatz verschiedener Gesprächsverhaltensweisen (z. B. direktiver vs. non-direktiver Stil)
- Gegenseitiger Austausch der Erwartungen ohne Unterbrechung durch andere Konfliktparteien (Trennendes als solches klar benennen)
- Kooperative Erarbeitung einer gemeinsamen Lösung v. a. durch die Konfliktparteien; Vorgesetzter als Moderator (gemeinsamen Nenner suchen, Gemeinsamkeiten betonen)
- Fixierung der Vereinbarungen ohne wesentliche Benachteiligung einer der Parteien
- Klare, eindeutige und widerspruchsfreie Formulierungen verwenden
- Unterschreiben der Vereinbarungen durch alle Beteiligten
- Follow-up: Termin für nachbereitendes Gespräch zur Überprüfung der Einhaltung der Vereinbarungen festlegen

---

4.3.5 Das Rückkehrgespräch

Rückkehrgespräche sollten durchgeführt werden, wenn ein Beschäftigter nach längerer Fehlzeit wieder seine Tätigkeit aufnimmt. Vorreiter für diesen Gesprächstyp war wohl die Adam Opel AG, die diese Art der Gespräche im Rahmen ihres Anwesenheits-Verbesserungs-Prozesses (AVP-Konzept) unternehmensweit etablierte. Vor dem Hintergrund eines mehrphasigen Gesprächskonzepts sollten so *Fehlzeiten* reduziert werden. Das AVP-Konzept ist nicht ohne Kritik geblieben, da die Gespräche im Wiederholungsfall klaren Eskalationsstufen folgen und in ihrer ultimativen Konsequenz in ein Kündigungsgespräch münden; dies steht natürlich dem Ziel, Vertrauen zu bilden, entgegen.

Bei Rückkehrgesprächen handelt es sich allerdings primär um ein Instrumentarium des betrieblichen Gesundheitsschutzes. Grundsätzlich ist es darauf ausgelegt, das *Vertrauen* gegenüber dem rückkehrenden Mitarbeiter zu stärken, Ursachen für die Fehlzeiten zu erforschen, aber im Wiederholungsfalle auch klare Konsequenzen zu besprechen (vgl. Mentzel et al., 2017).

Davon abzugrenzende Konzepte sind zum einen die *Gesundheitszirkel*. Bei diesem Kleingruppenverfahren geht es darum, dass mehrere Mitarbeiter zusammenkommen, um ihre Arbeitssituation hinsichtlich verschiedener Facetten wie Ressourcen und Stressoren zu analysieren und konkrete Maßnahmen zur Verbesserung abzuleiten (vgl. Ulich & Wülser, 2018). Daneben hat seit 2004 jeder Beschäftigte in Deutschland unabhängig von der Betriebsgröße ein Anrecht auf ein *betriebliches Eingliederungsmanagement*, sofern er Fehlzeiten von 6 Wochen ohne Unterbrechung oder aber in Summe über die letzten 12 Monate hinweg aufweist (vgl. Bundesministerium für Arbeit und Soziales – BMAS, 2018a). Hierbei handelt es sich um ein Verfahren, das bereits dann ansetzt, wenn noch gar nicht klar ist, in welcher Form und auf welchen Arbeitsplatz ein Mitarbeiter zurückkehrt.

Das wichtigste Ziel von Rückkehrgesprächen sollte nicht darin bestehen, herauszufinden, warum jemand gefehlt hat, sondern festzustellen, was in Zukunft getan werden kann, damit sich Fehlzeiten nicht wiederholen. Im Fall häufiger unerwarteter Abwesenheit sollte jedoch zudem versucht werden, die *Beweggründe* für das Fehlen des Mitarbeiters herauszufinden, um ihnen entgegenwirken zu können und den Mitarbeiter neu zu motivieren. Grundlage hierfür ist eine zumindest näherungsweise Erfassung und Auswertung der Fehlzeiten des Mitarbeiters unter Beachtung des Datenschutzgesetzes. Bei wiederholten Gesprächen infolge von Abwesenheit sollten auch mögliche Konsequenzen für den Mitarbeiter thematisiert werden. Es besteht allerdings die Gefahr, dass Rückkehrgespräche generell als *Disziplinierungsinstrument* aufgefasst werden und die Mitarbeiter einschüchtern. Entsprechend kommen Pfaff, Kaiser und Krause (2002) in einer Untersuchung von Krankenrückkehrgesprächen in der Automobilindustrie auch zu dem Ergebnis, dass nicht von einer generellen Wirksamkeit von Rückkehrgesprächen gesprochen werden kann.

Negative Wirkungen lassen sich reduzieren, wenn grundsätzlich nach jeder mindestens eintägigen Abwesenheit eines Mitarbeiters – soweit die Führungsspanne dies zulässt – ein Gesprächskontakt (der sehr kurz sein kann) erfolgt, beispielsweise mit dem Tenor „Prima, dass Sie wieder an Bord sind" oder „Mit Ihnen schaffen wir es besser". Auf diese Weise lassen sich erfahrungsgemäß Fehlzeiten reduzieren und der Mitarbeiter wird sich der positiven Aufmerksamkeit des Vorgesetzten bewusst (ansonsten können Gedanken entstehen wie „Der merkt ja überhaupt nicht, ob ich da bin oder nicht!").

Abbildung 19 zeigt die häufigsten *Ursachen von Fehlzeiten* neben Erkrankungen. Bei den meisten Ursachen handelt es sich um organisatorische Rahmenbedingungen, die jedoch der direkte Vorgesetzte selbst maßgeblich beeinflussen kann. Das Rückkehrgespräch sollte möglichst zeitnah nach dem Wiedererscheinen des Mitarbeiters geführt werden.

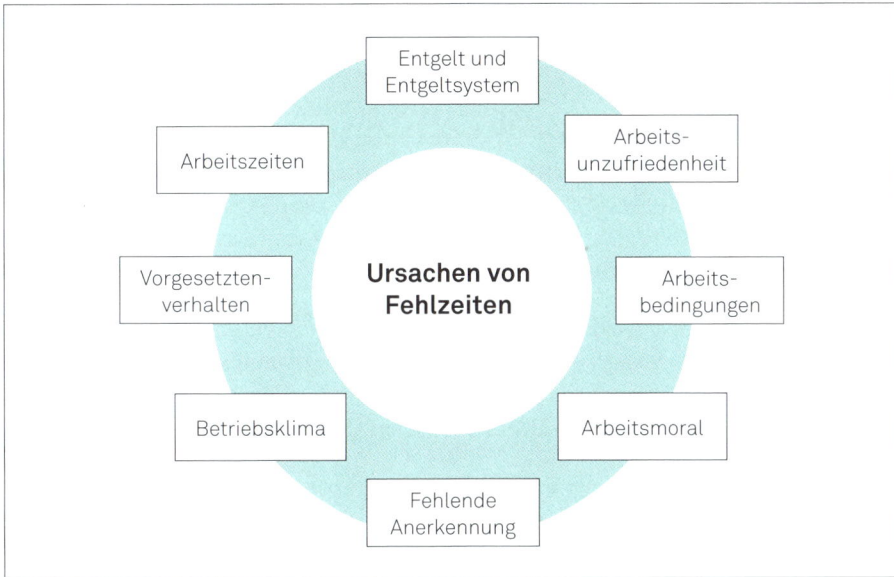

Abbildung 19: Die häufigsten Ursachen von Fehlzeiten über Erkrankungen hinaus

Gleichwohl lässt der Blick auf aktuelle Fehlzeitenstatistiken (als Quelle kann das Statistische Bundesamt dienen) erkennen, dass das Potenzial zur Reduzierung von Fehlzeiten mit etwa 4 % Krankenanteil weitgehend ausgeschöpft zu sein scheint. So mehren sich die Stimmen, dass auch eine zu drastische Reduktion des Krankenstandes („Der eingebildete Gesunde") negative wirtschaftliche Effekte für die jeweilige Organisation nach sich zieht.

Exkurs: Präsentismus

Eine zentrale Komponente für den Erfolg von Organisationen, ja der gesamten Volkswirtschaft, ist die individuelle Arbeitskraft. Neben dem Problem des Absentismus hat in den vergangenen Jahren die Diskussion zum Thema *Präsentismus*, d.h. dem Arbeiten trotz subjektiver oder objektiver Krankheit, deutlich zugenommen. Dies liegt u.a. daran, dass die wirtschaftlichen Kosten von Präsentismus enorm sind, dieser aber deutlich schwerer zu greifen ist als Absentismus (vgl. Johns, 2010).

Aus organisationaler Sicht ist es vorteilhaft, Präsentismus entgegenzuwirken. Aber auch aus Sicht des einzelnen Mitarbeiters ist die Reduktion von Präsentismus in der Regel ein Vorteil, da so Erkrankungen auskuriert werden. Eine amtliche Mitteilung der Bundesanstalt für Arbeitsschutz und Arbeitsmedizin aus dem Jahr 2009 gibt einen guten Überblick über das Phänomen, für das keine einheitliche Definition vorliegt. Zwei Hauptstränge stellen den Mitarbeiter in den Vordergrund, der krank zur Arbeit geht – zum einen den Mitarbeiter direkt, zum anderen die *wirtschaftlichen Folgekosten*, die durch dieses Verhalten entstehen. Bezogen auf die Konsequenzen konnten bereits mehrere Studien nachweisen, dass krankheitsbedingter Präsentismus zu erheblichen Kosten für die jeweilige Organisation führt. Es konnte beispielsweise gezeigt werden, dass Mitarbeiter mit hohem Präsentismus in der Konsequenz höhere Ausfallzeiten aufweisen (siehe Allen, 2008; Aronsson & Gustafsson, 2005), und dass durch psychischen Stress Präsentismus deutlich häufiger auftritt als Absentismus (Cocker, Martin, Scott, Venn & Sandersonn, 2013).

Während dieser zuvor skizzierte (sogenannte krankheitsbedingte) Präsentismus zu unerwünschten Kosten führt, spricht man demgegenüber vom „therapiebedingten Präsentismus", wenn ein Mitarbeiter während einer Krankheit Kontakt zum Unternehmen hält, um nach erfolgreicher Genesung einfacher wieder einsteigen zu können.

Ein Sonderfall des Rückkehrgesprächs sind zunehmend Gespräche nach einer *Elternzeit* oder nach einer Beurlaubung *(Sabbatical)*. In diesen Fällen sollte das Gespräch darauf abzielen, den Mitarbeiter über Veränderungen im Unternehmen und seine neuen Aufgaben zu informieren. Hierbei haben insbesondere die Dauer der Auszeit und mögliche Weiterbildungen in diesem Zeitraum einen großen Einfluss darauf, wie reibungslos die Wiedereingliederung erfolgen kann. Nicht ungewöhnlich ist es mittlerweile, dass einem Arbeitnehmer nach seiner Rückkehr ein anderer Arbeitsbereich zugewiesen werden soll. Somit sind unter Umständen auch Gespräche mit einem neuen Vorgesetzten zu führen.

Exkurs: Mitarbeitergespräche bei psychischen Erkrankungen

Bei registrierten Erkrankungen, die zu Fehlzeiten geführt haben, nimmt der Anteil psychischer Störungen weitaus am stärksten zu (zwischen 2000 und 2017 haben sich die Zahlen nahezu verdoppelt). Sie rangieren bei Frauen mittlerweile deutlich auf Platz eins, bei Männern bereits auf Platz zwei hinter den Muskel- und Skeletterkrankungen (vgl. Gesundheitsreport der Techniker Krankenkasse, 2018, der jährlich erscheint). Ein Grund hierfür ist nicht zuletzt in der stetigen Zunahme psychischer Anforderungen der Arbeitswelt zu sehen.

Entgegen der großen medialen Präsenz handelt es sich beim *Burnout-Syndrom* allerdings nicht um eine eigenständige psychische Störung, sondern um eine Kombination aus Faktoren, die den Gesundheitszustand negativ beeinflussen (vgl. Huber & Juen, 2013). Dies sind emotionale Erschöpfung, Depersonalisation und verminderte Leistungsfähigkeit (vgl. Jaeger, Marks, Peck & Sandrock, 2015). Das Burnout-Syndrom bei Mitarbeitern stellt Führungskräfte vor große Herausforderungen, nicht zuletzt da das Verhalten des Vorgesetzten direkt und indirekt Burnout begünstigen kann. Arbeitsbelastungen als eine Komponente lassen sich unterteilen in quantitative und qualitative Überforderung, qualitative Unterforderung, belastendes Sozialklima und belastendes Vorgesetztenverhalten (vgl. Schneglberger, 2010; Schneider, 2014).

Für Mitarbeitergespräche ist dies in mehrfacher Hinsicht relevant: zum einen unter *Präventionsgesichtspunkten*. Als Führungskraft sollte man ein Gespür dafür entwickeln, welche Mitarbeiter gefährdet sind und bei diesen das Thema Work-Life-Balance in Feedbackgesprächen thematisieren (siehe auch Collatz & Gudat, 2011). Zudem sollte man sein Verhalten selbst kritisch hinterfragen, sodass es nicht zum Stressor für die Mitarbeiter wird. Zum anderen sollte die Führungskraft, wenn sie Änderungen im Verhalten des Mitarbeiters wie einen Abfall der Leistungen, sozialen Rückzug oder vermehrte Fehlzeiten feststellt, dies zeitnah und angemessen thematisieren (vgl. Riechert, 2015). Hierfür ist die Berücksichtigung der Kommunikations- und Feedbackgrundsätze (vgl. Kapitel 2) wichtig. Zusätzlich sind Mitarbeitergespräche im Rahmen der Wiedereingliederung nach einem behandelten Burnout von besonderer Wichtigkeit, damit die Mitarbeiter nicht erneut ein Burnout-Syndrom entwickeln.

4.3.6 Das Austritts- oder Trennungsgespräch

Nicht nur bei Aufnahme und über die Dauer einer Beschäftigung hinweg, sondern auch bei Beendigung eines Beschäftigungsverhältnisses wird in der Regel ein Mitarbeitergespräch geführt. Abhängig davon, von wem die Trennung ausgeht, werden unterschiedliche Bezeichnungen verwendet. Geht die Kündigung vom Unternehmen aus, so spricht man vom Kündigungs- oder Trennungsgespräch; geht sie vom Mitarbeiter aus, spricht man meist vom Austrittsgespräch.

In *Kündigungs- oder Trennungsgesprächen* wird häufig zunächst dem Mitarbeiter die Botschaft übermittelt; hier benötigt der Vorgesetzte eine sehr detaillierte Vorbereitung. Demgegenüber werden *Austrittsgespräche* aus Sicht des Unternehmens in erster Linie geführt, um die Gründe des Mitarbeiters für seine Entscheidung in

Erfahrung zu bringen. Dies wird in der Regel für das Unternehmen sinnvoll sein, um mögliche Motive für eine Kündigung zu beseitigen. Allerdings sind im Dialog mit dem Mitarbeiter die wahren Ursachen bisweilen schwer herauszufinden, da häufig primär sozial akzeptable Ursachen benannt werden.

Fiege et al. (2014) fassen die *Ziele des Austrittsgesprächs* zusammen und geben einen Überblick über das Vorgehen. Die Hauptziele während des Gesprächs sind:
- Erfragen von Gründen für die Kündigung
- Ermitteln von Problemen
- Sicherung der Außenwirkung

Als Resultat aus dem Gespräch sind die Ziele der Organisation:
- Ermitteln von Ansatzpunkten zur Verbesserung
- Klärung der Attraktivität der Position am Arbeitsmarkt
- Wahrnehmen von Ansatzpunkten zur Vermeidung weiterer Fluktuation

Die Durchführung des Gesprächs sollte in der Regel durch den direkten Vorgesetzten erfolgen, sofern dieser nicht der wirkliche Grund für die Kündigung des Mitarbeiters ist – was durchaus nicht selten der Fall ist. (Vielfach kündigen Mitarbeiter im Grunde nicht der Organisation, sondern ihrem direkten Vorgesetzten.) Besteht noch großes Interesse der Organisation an einem Mitarbeiter und ist dieser noch nicht fest entschlossen, die Organisation zu verlassen, so kann versucht werden, den vorhandenen Konflikt und mögliche Diskrepanzen aufzulösen. In Bezug auf die Sicherung der Außenwirkung ist es in jedem Fall wichtig, eine positive Atmosphäre im Gespräch zu schaffen, zumindest aber dem Mitarbeiter für seine Arbeit zu danken und ihn angemessen und respektvoll zu verabschieden.

Am *Wie* einer Kündigung zeigt sich der Stil des Hauses. Wie mit Beschäftigten umgegangen wird, die die Organisation verlassen müssen, hat eine enorme Ausstrahlung vor allem auf die verbleibenden Mitarbeiter. Deren Loyalität, Motivation und Commitment kann nur erhalten werden, wenn vonseiten des Unternehmens bei der Kündigung nachvollziehbar und im besten Sinne „anständig" vorgegangen wird. Darüber hinaus ist zu bedenken, dass sich in Zukunft noch verstärkt Berufskarrieren nicht mehr nur in einem Unternehmen abspielen, sondern der mehrfache berufliche „turn-over" zur Normalität wird. Nicht selten kehren dabei Mitarbeiter zu alten Arbeitgebern zurück. Auch vor diesem Hintergrund verbietet sich eine „Politik der verbrannten Erde". Nicht zuletzt ist angesichts der Popularität und Verfügbarkeit von Unternehmensbewertungsportalen eine solche Negativstrategie keinesfalls zu empfehlen.

Kündigungsgespräche bedürfen selbstverständlich einer umfassenden rechtlichen Absicherung. Handelt es sich um eine betriebsbedingte Kündigung, so können wichtige Bestandteile des Gesprächs die Vereinbarung einer Abfindung, sonstiger sozialer Absicherungen und ggf. eine Outplacement-/Newplacement-Beratung sein (siehe Andrzejewski & Refisch, 2015; Lohaus, 2010). Im Gegensatz zur Mehrzahl der sonstigen Mitarbeitergespräche hat im Kündigungsgespräch der Vorgesetzte den überwiegenden Redeanteil. Gleichwohl sollte nicht verkannt werden, dass es sowohl für den Vorgesetzten wie für die gesamte Organisation extrem wertvoll sein kann, die tatsächlichen Gründe zu erfahren. Im Sinne des Mitarbeiters und zur Wahrung der Außenwirkung sollten solche Gespräche nicht unmittelbar vor einer Abwesenheit (Dienstreise, Urlaub, Krankenhausaufenthalt) geführt werden.

4.3.7 Das Mitarbeitergespräch als Bestandteil von Auswahlverfahren

Das Mitarbeitergespräch ist im Rahmen von Assessment oder auch Development Centern als *Rollenspiel-Simulation* weit verbreitet (siehe dazu auch Schuler & Mussel, 2016). Der Zweck des Einsatzes besteht hier z. B. darin, die Führungs- und Kommunikationsfähigkeit von Kandidaten zu Zwecken der Auswahl, Platzierung und Weiterentwicklung in Erfahrung zu bringen. Im Rollenspiel geht es zumeist um schwierige Gesprächssituationen, die der Rollenspieler zu meistern hat. Dies können z. B. konfliktäre Gesprächsthemen sein, die sich auf bestimmte Verhaltensaspekte des fiktiven Mitarbeiters beziehen, wie mangelnde Leistung oder unterschiedliche Vorstellungen bezüglich der Entgeltentwicklung. Aber auch Themen wie die Übernahme weiterführender Aufgaben oder die Durchführung eines Fördergesprächs können Gegenstand in derartigen Simulationen sein. In der Regel erhalten die Rollenspieler möglichst wirklichkeitsnahe Vorgaben, die das Setting erläutern.

Da sich in der Literatur nur selten verwendbare *Beobachtungsunterlagen* bzw. Beobachtungsbögen finden lassen, um das Verhalten der Simulationsteilnehmer einzuordnen, findet sich in den Abbildungen 20 bis 22 hierzu eine Systematik, die sich im praktischen Einsatz bewährt hat.

Datum: _____

Beobachter/Ausfüllender: _____

Beurteilte Führungskraft: _____

Anlass/Fall: _____

Sonstige Bemerkungen:

_____

_____

Verhaltensdimension und -anker	Notizen und Beispiele	Einschätzung
I Struktur des MAG		⊖ ⊕
1. Wählt einen adäquaten Gesprächseinstieg (Begrüßung, Einleitung, ggf. Warm-up)		① ② ③ ④ ⑤ ⑥ ⑦
2. Kommuniziert das Ziel des Gesprächs klar (anlass- und personenbezogen)		① ② ③ ④ ⑤ ⑥ ⑦
3. Gesprächsabschnitte bauen systematisch und nachvollziehbar aufeinander auf		① ② ③ ④ ⑤ ⑥ ⑦
4. Erarbeitet mit dem MA eine gemeinsam unterstützte, nachvollziehbare Lösung zur Verhaltensänderung		① ② ③ ④ ⑤ ⑥ ⑦
5. Findet – unabhängig vom Gesprächsanlass – einen motivierenden Abschluss (überträgt Zuversicht auf den Gesprächspartner)		① ② ③ ④ ⑤ ⑥ ⑦
6. Gibt Ausblick auf Folgemaßnahmen (z. B. weiteres Gespräch)		① ② ③ ④ ⑤ ⑥ ⑦

Abbildung 20: Leitfragen zur Analyse des Gesprächsverhaltens von Führungskräften (Dimension „Struktur des MAG")

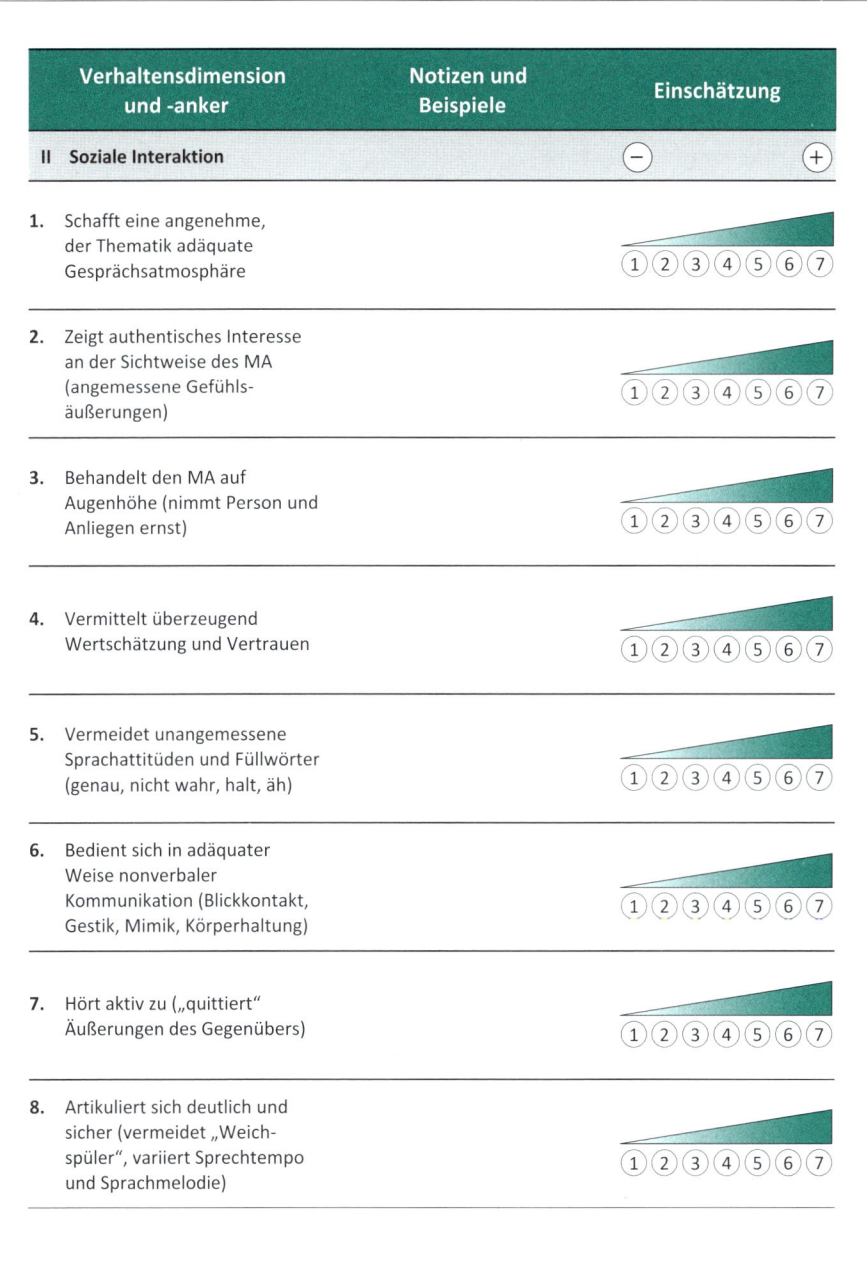

Abbildung 21: Leitfragen zur Analyse des Gesprächsverhaltens von Führungskräften (Dimension „Soziale Interaktion")

Verhaltensdimension und -anker	Notizen und Beispiele	Einschätzung ⊖ ⊕
III Zielgerichtete Kommunikation		
1. Benennt Kritikpunkte offen und sachlich (versucht nicht, die Problematik zu vermeiden)		① ② ③ ④ ⑤ ⑥ ⑦
2. Argumentiert logisch, nachvollziehbar, transparent und ergebnisoffen		① ② ③ ④ ⑤ ⑥ ⑦
3. Gewünschtes Verhalten wird deutlich kommuniziert (macht Erwartungen transparent)		① ② ③ ④ ⑤ ⑥ ⑦
4. Ermutigt den Mitarbeiter, die zugrundeliegende Problematik darzustellen (auch wenn der VG selbst betroffen ist)		① ② ③ ④ ⑤ ⑥ ⑦
5. Überlässt dem MA den größeren Redeanteil, gibt ihm Raum zur Darstellung seiner Sichtweise		① ② ③ ④ ⑤ ⑥ ⑦
6. Geht angemessen fragend vor (stellt offene Fragen, hakt nach, hält Pausen aus, fasst zusammen)		① ② ③ ④ ⑤ ⑥ ⑦
7. Kommuniziert die eigene Sichtweise angemessen (z.B. Ich-Botschaften, Metakommunikation)		① ② ③ ④ ⑤ ⑥ ⑦
8. Greift Argumente des Gegenübers adäquat auf		① ② ③ ④ ⑤ ⑥ ⑦
9. Erfragt anlassbezogene Rückmeldung zum eigenen Verhalten (z. B. „Wie haben Sie meine Rolle in dieser Sache erlebt?")		① ② ③ ④ ⑤ ⑥ ⑦

Abbildung 22: Leitfragen zur Analyse des Gesprächsverhaltens von Führungskräften (Dimension „Zielgerichtete Kommunikation")

4.4 Varianten der Methode und Kombinationen

Das Mitarbeitergespräch lässt sich mit einer Reihe anderer Instrumente der Personalplanung verknüpfen. Dies sind insbesondere Zielvereinbarungen, Gehaltsplanungen, Entwicklungsplanungen, qualitative Personalplanungen, Personaleinsatzplanungen, Planungen von Geschäfts- und Arbeitszielen sowie integriertes Performance Management, die im Folgenden in ihrer Verzahnung zum MAG erläutert werden. Erweitert wird der Blick auf die Varianten des MAGs durch die Betrachtung von 360°-Feedback, Coachinggesprächen und dem aktuellen Fokus auf „Agilität" im Rahmen von Mitarbeitergesprächen.

4.4.1 Zielvereinbarungen

Im Rahmen einer *Zielvereinbarung* werden die Ziele einer Organisation bzw. Organisationseinheit in Verknüpfung mit den Zielen eines Beschäftigten gemeinsam fixiert. Typischerweise werden diese Ziele in einem Mitarbeitergespräch vereinbart, wobei versucht wird, die individuellen Ziele so abzufassen, dass sie mit den Organisationszielen in Einklang stehen (für ein Fallbeispiel siehe Abschnitt 5.1). Grundsätzlich haben Zielvereinbarungsprozesse die positive Nebenwirkung, dass sowohl die Organisation wie auch der einzelne Beschäftigte geradezu gezwungen werden, sich mit der individuellen sowie organisationalen strategischen Ausrichtung zu befassen (vgl. Eyer & Haussmann, 2018).

Laut einem Forschungsbericht des Bundesministeriums für Arbeit und Soziales aus dem Jahr 2018 (vgl. BMAS, 2018b) finden sich Zielvereinbarungen in gut 60 % der Betriebe, wobei eine Tendenz festzustellen ist, dass bei größeren Organisationen (über 500 Beschäftigte) die Verbreitung bei mehr als 80 % liegt. Ebenfalls liegt die Verknüpfung von Zielvereinbarungen mit der variablen Vergütung bei Organisationen mit mehr als 500 Beschäftigten jenseits von 80 %. Die große Verbreitung ist unter anderem auch darauf zurückzuführen, dass sich die Trennung des Gehalts in fixe und variable Bestandteile für die Entlohnung des Managements einer ungebrochenen Beliebtheit erfreut und der Grad der Zielerreichung hierbei oftmals als Grundlage für die variablen Gehaltsbestandteile dient.

Während in der betrieblichen Praxis häufig auf das Konzept „Führen mit Zielvereinbarungen" Bezug genommen wird, wird in der wissenschaftlichen Forschung in der Regel ein „Management by Objectives" untersucht. Die Ergebnisse der Forschung sind allerdings in den Fällen auf Zielvereinbarungen übertragbar, in denen Personen die vorgegebenen Ziele akzeptieren und übernehmen (siehe Locke & Latham, 2002). Die Erkenntnis, dass *Zielvorgaben* – sofern erläutert und von den Mitarbeitern akzeptiert – eine ganz ähnliche Wirkung wie Zielvereinbarungen erreichen, kann in der Tat im Organisationsalltag von großer Bedeutung sein. Und zwar insofern, als die zwanghafte Erreichung einer aus vermeintlich „freien Stücken" erfolgten Zustimmung der nachgeordneten Ebene (mit allen Konsequenzen für die Vertrauenskultur) umgangen bzw. umschifft werden kann. Fatal wären allerdings die motivationalen Auswirkungen, wenn verkappte Zielvereinbarungen als Zielvorgaben enttarnt werden (was nahezu zwangsläufig irgendwann passiert).

Insgesamt konnte in zahlreichen Studien gezeigt werden, dass ein Zusammenhang zwischen Leistungszielen und Arbeitsleistung besteht. Hierbei geht eine besondere Wirkung von spezifischen, herausfordernden und anspruchsvollen Zielen aus (vgl. Abschnitt 4.1.2). Locke (2001, S. 48) beschreibt die Ergebnisse der Studien folgendermaßen: „There have been more than 500 studies of goal setting on work tasks. It has been studied in at least eight countries. Goals have been set for many types of outcomes, including sales, R & D, cost control, productivity, quality, and efficiency. It works in both laboratory and organizational settings and with both individuals and groups. About 90 % of goal-setting studies have achieved positive results. One survey revealed that the average performance improvement attained by goal-setting studies in real organizations was +16 %, although in some cases the improvement was over 50 %."

Es ist kritisch anzumerken, dass die mittlerweile auch auf den öffentlichen Dienst übergreifende Praxis der Reduktion des MAGs auf ein pures Zielvereinbarungsgespräch zur Delegation gesprächsgestützter Führung an einen eher technischen Prozess führt. Vermeintlich kann hierdurch das Mitarbeitergespräch sozusagen „eingespart" werden. Es wird auf diese Weise eben nicht mehr *mit* Zielen, sondern faktisch *durch* Ziele geführt, was letztlich die Wirksamkeit von Führung unterminiert, die persönliche Beziehung zwischen Vorgesetztem und Mitarbeiter scheinbar überflüssig macht und in letzter Konsequenz die nicht im Zielvereinbarungssystem dokumentierten Leistungserbringungen auch nicht mehr erfolgen – was wiederum detailliertere Regelungen, Kontrollen und Dokumentationen sowie kleinteiligere Zielvereinbarungen nach sich zieht. Schmidt und Kleinbeck (2006) akzentuieren die Gemeinsamkeit von Mitarbeitergesprächen, Zielvereinbarungsgesprächen, Leistungsbeurteilungsgesprächen, Management by Objectives und der Balanced Scorecard, da alle im Kern den Versuch beinhalten, die Leistungen der Organisationsmitglieder so auszurichten, dass die Arbeitsergebnisse mit den übergeordneten Zielen der Organisation in Einklang stehen.

4.4.2 360°-Feedback

Beim *360°-Feedback* handelt es sich um ein Verfahren zur systematischen Beurteilung von Mitarbeitern und Führungskräften. Dabei werden die eingeschätzten Personen aus der Perspektive verschiedener Gruppen der Arbeitsumgebung beurteilt. Besonders zuverlässige Einschätzungen können hierbei diejenigen Personen liefern, die mit dem zu Beurteilenden (Fokusperson) in regem Austausch stehen. Hierzu gehören Vorgesetzte, Kollegen, Mitarbeiter, Kunden und die Fokusperson selbst. Das Verfahren ist somit *multiperspektivisch*.

Die Beurteilung erfolgt in der Regel anhand einer schriftlichen, standardisierten und anonymen Befragung. Im Feedback werden tätigkeitsbezogene Kompetenzen, Fähigkeiten oder Verhaltensstile der Fokusperson rückgemeldet. Dabei kann zeitgleich ein Abgleich zwischen Selbst- und Fremdbeurteilung vorgenommen werden (siehe z. B. Hossiep, Paschen & Mühlhaus, 2000).

Das 360°-Feedback verfolgt in der Regel zwei unterschiedliche *Zielsetzungen*. Zum einen kann es die reine Bewertung einer Führungskraft beabsichtigen. Zum anderen soll es jedoch zuvorderst der Entwicklung der Fokusperson dienen. Deren Fähigkeiten sollen so entfaltet werden, dass sie mit einem angestrebten Anforderungsprofil kompatibel sind. Scherm und Sarges (2019) nennen folgende weitere Zielindikatoren, die mit einem 360°-Feedback verfolgt werden können.

Führungskräfte:
- Stärkung der Bereitschaft zur Veränderung
- Training der Fähigkeiten zur Selbstentwicklung

Organisation:
- Intensivierung des organisationsweiten Dialoges über Anforderungen und Kompetenzen
- Optimierung und Ergänzung bestehender Diagnoseverfahren für die Personalentwicklung
- Bindung der Leistungsträger (internes Personalmarketing)
- Verbesserung der Wettbewerbsfähigkeit und Ertragskraft

Neben dem 360°-Feedback in seiner klassischen Form prognostizieren die Autoren eine stärkere Verknüpfung des Verfahrens bzw. von Verfahrenselementen mit der Führungskräfteauswahl und -entwicklung. So sollte in Assessment Centern generell eine Verzahnung mit den Kriterien der Leistungsbeurteilungen und Zielvereinbarungen stattfinden.

4.4.3 Coachinggespräche

Beim *Coaching(-gespräch)* handelt es sich um ein Personalentwicklungsinstrument, das ausschließlich von entsprechend ausgebildeten Personen durchgeführt werden sollte. Die Beratungsbeziehung zwischen Coach und Führungskraft sollte sich durch Akzeptanz, Vertrauen und Diskretion auszeichnen (z. B. Wastian, Kraus & von Rosenstiel, 2016). Genauso wie das MAG ist es vielfach ein Vier-Augen-Gespräch. Anders als bei der Situation im Mitarbeitergespräch ist der Coach in der Regel nicht der direkte Vorgesetzte, sondern ein speziell für das Coaching ausgebildeter und eingesetzter interner Mitarbeiter oder häufig auch ein externer Berater.

Das *Ziel* solcher Gespräche ist es, Hilfe zur Selbsthilfe zu ermöglichen. Der Gecoachte wird dazu angeleitet, über sein alltägliches, insbesondere berufliches, Handeln zu reflektieren und es sollten sich ihm dabei neue Wege und Verhaltensweisen erschließen sowie Stärken und Schwächen verdeutlichen. Dieser Prozess ist ausgesprochen personenzentriert und zwar ausschließlich auf die Person des Gecoachten. Neben anderen Herangehensweisen, die ausschließlich auf berufliche Bereiche fokussieren (z. B. 360°-Beurteilung), können im Coaching auch private Inhalte thematisiert werden. Zur Unterstützung und Begleitung des Coachingprozesses stellt die wissenschaftliche Psychologie mittlerweile auch ein brauchbares Methodeninventar zur Verfügung (vgl. Hossiep & Weiß, 2017; Schulz, Schardien & Hossiep, 2017).

Wie auch beim MAG können bei der Durchführung des Coachings verschiedenartige Probleme auftreten. Rauen (2014) schildert mögliche *Schwierigkeiten*:
- Neutralitätsverlust (besonders bei internen Coaches und coachenden Vorgesetzten)
- Anpassung des Individuums an die Organisation
- „Sündenbock"-Funktion des Coaches
- Machtspiele, Machtmissbrauch
- Kompetenzüberschreitungen (seitens des Coaches)
- Zu kurze/lange Dauer des Coachings
- Übertragungen, Projektionen und falsche Erwartungshaltungen

Entsprechend einer Vielzahl psychologischer Verfahrensweisen ist auch hier ein Erfolg nur dann möglich, wenn die Führungskraft das Coaching freiwillig in Anspruch nimmt. Über einige generelle Grundtechniken hinaus, die die Basis für das Coaching bilden, ist es individueller als das Mitarbeitergespräch, da das Verfahren immer an den Klienten und seine Bedürfnisse angepasst wird. Neben dem Einzelcoaching finden sich in der Praxis auch verschiedene Varianten wie das Gruppencoaching, Coaching durch mehrere Berater oder Intensiv-Workshops mit Coachingcharakter.

4.4.4 Performance Management

Unter dem Begriff „Performance Management" wird ein Management-Prozess zur Leistungssteuerung und -steigerung verstanden, der an der Organisationsstrategie ausgerichtet ist. Hauptanliegen ist die Sicherung der Wettbewerbsfähigkeit der Organisation (siehe Jetter, 2004). Als Hauptelemente des Performance Managements gelten:
- Entwicklung von Organisationsstrategie und Organisationszielen
- Vereinbarung von Leistungsanforderungen und konkreten Zielen für die Gesamtorganisation, Organisationseinheiten, Prozessverantwortliche und einzelne Mitarbeiter

- Management der erzielten Resultate
- Feedback in Bezug auf die erbrachten Leistungen
- Personalpolitische Konsequenzen mit Blick auf die erbrachten Leistungen

Beim Performance Management werden verschiedene Instrumente aus dem Führungsalltag eingesetzt, entscheidend ist jedoch, dass nicht wahllos Instrumente angewendet werden, sondern dass dem Ganzen ein sinnvolles, übergeordnetes Konzept zugrunde liegt. Zu den gebräuchlichen Instrumenten zählen neben dem Mitarbeitergespräch auch die Balanced Scorecard, Incentivesysteme, Zielvereinbarungssysteme und das Management by Objectives. Abbildung 23 zeigt beispielhaft, wie sich die genannten Hauptelemente und Instrumente zu einem Prozess zusammenfügen können.

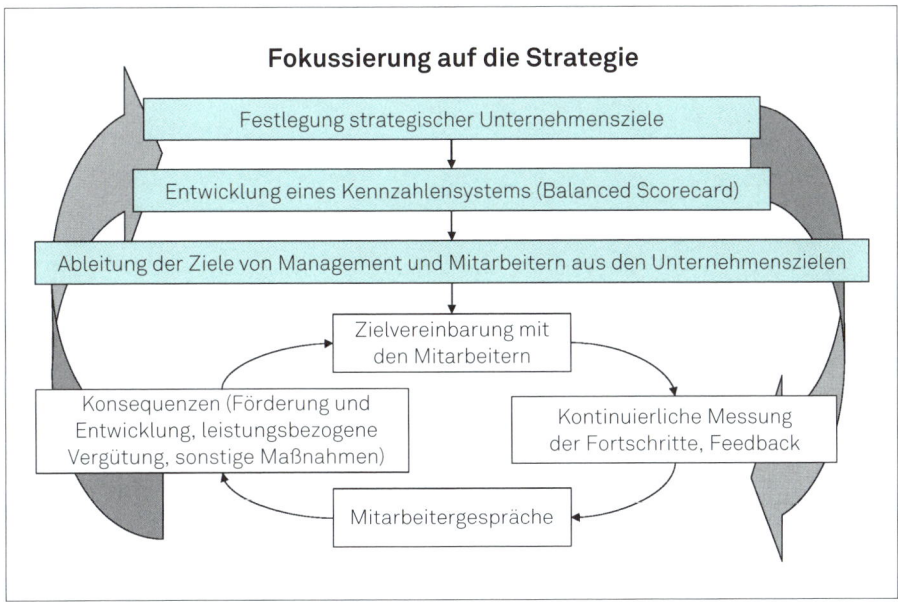

Abbildung 23: Performance-Management-Gesamtkreislauf (nach Jetter, 2004)

Zur Erreichung optimaler Performance wird den Organisationen der Einsatz der gängigen Verfahren wie Change Management, Lean Management, Total Quality Management, von kontinuierlichen Verbesserungsprozessen (KVP) und Outsourcing angeraten. Vom Grundsatz her zunächst vielversprechend, bergen die zahlreichen angesagten *Tools* im betrieblichen Alltag die Gefahr, dass der Blick für den Mitarbeiter und seine zentralen Tätigkeitsanforderungen verloren geht und die Messung vermeintlich wesentlicher Anforderungen mit den tatsächlichen Arbeitsanforderungen nicht deckungsgleich ist – oder schlimmer noch: Die erfolgreiche Bewältigung der zentralen Aufgaben wird erschwert. In jedem Fall ist ein erfolgreiches Performance Management ohne nachhaltig wertschätzenden Umgang spätestens mittelfristig in seiner Auswirkung für die Organisation als Ganzes mehr als fragwürdig (vgl. Künzel, 2016).

Ein Beispiel aus der Organisationspraxis für die *Einbindung des Mitarbeitergesprächs* in einen solchen Performance-Management-Prozess zeigt Abbildung 24 (siehe auch das Fallbeispiel in Abschnitt 5.1). Durch das Performance Management soll Klarheit über die Ziele, Strategien und Anforderungen entstehen. Zugleich soll es die Befähigung der Organisation und ihrer Mitglieder zur Aufgabenerfüllung mithilfe der Durchführung von Trainings- und Entwicklungsmaßnahmen sicherstellen. In diesem Zusammenhang wird das Mitarbeitergespräch neben Coaching, 360°-Feedback und Zielvereinbarungen als Führungsinstrument gesehen, das dem Vorgesetzten ermöglicht, den Mitarbeiter zur Erfüllung seiner individuellen Ziele anzuleiten und bei der Zielerreichung zu unterstützen. Anerkennung soll zudem die Leistungsmotivation der Mitarbeiter fördern und ihr Commitment gegenüber der Organisation und ihrer Arbeitsaufgabe erhöhen.

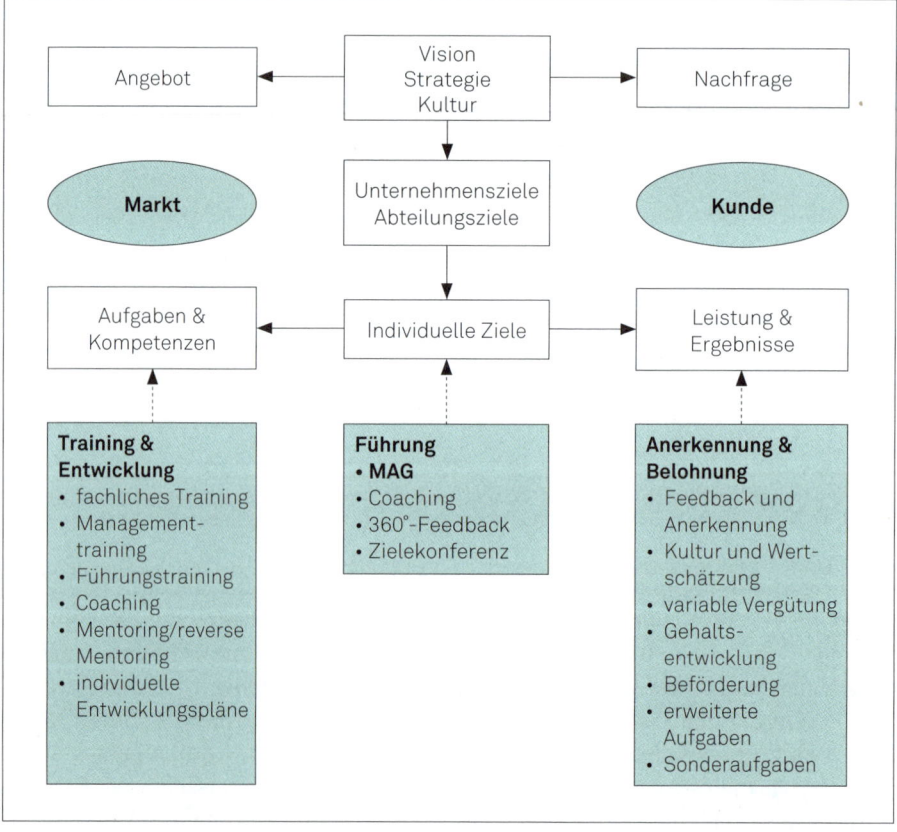

Abbildung 24: Das Mitarbeitergespräch im Kontext von Performance Management und Zielvereinbarungen

Auf die *Schwierigkeiten* eines Performance Managements, das rein auf Ratings fokussiert ist, verweisen Buckingham und Goodall (2015) nachdrücklich. Die Autoren sehen im regelmäßigen und kontinuierlichen Dialog eine effektivere und letztlich deutlich erfolgreichere Alternative zum klassischen Performance Management. In der Konsequenz bedeutet dies natürlich auch, dass die Führungskräfte wieder näher an ihre Mitarbeiter rücken müssen, überbordende Führungsspannen zurückgeführt werden müssen und in letzter Konsequenz auch die direkten Führungskräfte hinreichend viel vom Job des Mitarbeiters verstehen müssen, um dessen Leistung tatsächlich adäquat einschätzen zu können.

> **Performance Management Online: Die Lösung aller Probleme?**
>
> Verschiedene Softwarehersteller haben längst den Traum oder auch Albtraum einiger Vertreter des Personalwesens realisiert. Die einschlägigen Produkte versprechen eine universelle und doch maßgeschneiderte Online-Lösung für Performance Management. Wie sieht das (etwas pointiert) konkret aus?
>
> Das MAG zu führen, ohne dem Mitarbeiter Auge in Auge gegenüber zu sitzen, scheint möglich. So können Sie als Vorgesetzter seine Vorschläge, Selbsteinschätzungen zur Zielerreichung, Personalentwicklungswünsche u.a. via geschriebenem Text einsehen und Ihre Kommentierung dazu abgeben. Das Personalwesen kann daraus seine Maßnahmen ableiten, Fortbildungen online anbieten, Boni berechnen, Gehaltssteigerungen ableiten, Personalplanungen mit den Wünschen des Mitarbeiters abgleichen und so weiter und so fort.
>
> Vorausgesetzt alle linearen Programmierungen stimmen, entbindet ein solches System das Personalwesen von fast allen bisherigen Aufgaben (und das bisschen Rekrutierung kann man vielleicht outsourcen und per Online-Jobbörse erledigen lassen). A perfect world! Gott sei Dank führen menschliche Lebewesen allzu perfekte Systeme schnell ad absurdum (fraglich ist lediglich, ob daraus die entsprechenden Konsequenzen gezogen werden). Allerdings werden die Personaler dank der horrenden Implementierungskosten und Aufwendungen für Softwareanpassungen noch immer etwas zu tun haben (wenngleich nicht in der ursprünglichen Personalstärke).
>
> Um nicht falsch verstanden zu werden: Derartige Systeme bieten gewaltige Möglichkeiten für das Personalwesen fast in ähnlichem Umfang wie Customer Relationship Management (CRM)-Software für Marketing und Vertrieb. Doch wie in diesem Fall ist durch die Anschaffung der Software an sich noch nichts gewonnen. Die dahinterliegende Philosophie von Performance Management muss mit der der Organisation kompatibel sein. Und hier beginnt in den meisten Fällen die Kärrnerarbeit. Häufig ist die Performance-Management-Philosophie nicht oder nur partiell definiert.
>
> Hier tut sich auch ein Defizit in der entsprechenden Forschung auf. Verfolgt man die aktuellen Publikationen, so fällt auf, dass unter Performance Management

> zwei Fraktionen segeln: Die erstere führt die Logik an: Performance Management = Performance Measurement = Value Management = EVA (Economic Value Added) mit oder ohne Balanced-Scorecard-Modell. Die zweite Fraktion definiert Performance Management erheblich schmaler: Performance Management = MAG mit Zielvereinbarung + variable resultatabhängige Vergütung.
>
> Deutlich wird hieran, dass Organisationen für sich selbst beantworten müssen, was auf Unternehmensebene und individueller Ebene Leistung bedeutet und wie Leistung anerkannt werden soll. Erst wenn hierauf schlüssige Antworten vorliegen, kann man sich mit der Synchronisierung und Integration existenter und neuer Methoden bzw. Tools auseinandersetzen.

4.4.5 Das „agile" Mitarbeitergespräch

In Abschnitt 4.2 des vorliegenden Bandes werden im Exkurs „Der Overload für das Mitarbeitergespräch" die zahlreichen, zum Teil widersprüchlichen Anforderungen, die im Mitarbeitergespräch erfüllt werden sollen, thematisiert. Die Einführung von integrierten Talent-Management-Systemen, denen sich zahlreiche Organisationen verschrieben haben, hat die bereits seit längerem bestehende Problematik in den letzten Jahren weiter verschärft. Üblicherweise ist in Talent-Management-Systemen das Mitarbeitergespräch *das* zentrale Instrument für Zielvereinbarungen, Performance Management, Mitarbeiterentwicklung, Personalplanung und was das Mitarbeitergespräch sonst noch alles (be)fördern sollte.

Im Jahr 2015 griff Trost das Mitarbeitergespräch in diesem Kontext mit folgendem provokanten Buchtitel frontal an: „Unter den Erwartungen: Warum das jährliche Mitarbeitergespräch in modernen Arbeitswelten versagt". Einer seiner Hauptkritikpunkte ist die Annahme (ungeachtet organisationsinterner Rahmenbedingungen), mit einem einzigen Instrument die Fülle der folgenden *Ziele* erreichen zu können:
- Mitarbeiter motivieren
- Lernen durch Feedback fördern
- Leistungsstarke von Leistungsschwachen differenzieren
- Talente identifizieren
- Organisationen steuern
- Mitarbeiter binden
- Personal entwickeln
- interne Eignung feststellen
- Perspektiven aufzeigen

Insbesondere in Zeiten eines Wandels von hierarchischen zu agilen Strukturen hält er diese Nutzenerwartungen an das Mitarbeitergespräch für nicht mehr einlösbar. Trosts Kritik richtet sich vor allem gegen das „System Mitarbeitergespräch" in seiner zyklischen, eher einheitlichen, statischen, in alle HR-Prozesse hineingreifenden, formalisierten und institutionalisierten Form. Obwohl einige der Kritikpunkte an der Praxis des Mitarbeitergesprächs als Jahresgespräch in einer schnelllebigen, sog. „agilen" Arbeitswelt berechtigt erscheinen, stellen zahlreiche Personalexperten die Frage nach gangbaren *Alternativen* zum herkömmlichen Mitarbeitergespräch.

Tatsächlich scheinen nur wenige belastbare, wirklich innovative systematische Ansätze zu existieren. In der Organisationspraxis läuft es letztlich darauf hinaus, dass realisierbare Möglichkeiten noch stärker auf eine lebendige Reflexions- und Feedbackkultur fokussieren müssen – also beim jeweiligen MAG noch stärker auf die aktuellen persönlichen und organisationalen Erfordernisse abzustellen ist („one size does not fit all"). Insofern lässt sich eine Lanze für ein *adaptabiles und maßgeschneidertes* MAG mit einem nicht selten in Gesprächstrainings verwendeten Zitat von G. B. Shaw brechen: „Der einzige Mensch, der sich vernünftig benimmt, ist mein Schneider. Er nimmt jedes Mal neu Maß, wenn er mich trifft, während alle anderen immer die alten Maßstäbe anlegen in der Meinung, sie passten auch heute noch."

An dieser Stelle sollen Kernpunkte eines förderlichen Mitarbeitergesprächs skizziert werden, ganz im Sinne des „Miteinander arbeiten – miteinander reden". Hier sei an den seinerzeit zukunftsweisenden Titel einer Publikation des Bayerischen Staatsministeriums für Arbeit und Sozialordnung, Familie, Frauen und Gesundheit von Neuberger (1996) erinnert. Für ein adaptabiles und maßgeschneidertes Mitarbeitergespräch ist mehr denn je Folgendes zu beachten:

- Es geht um den *Dialog* zwischen Vorgesetztem und Mitarbeiter, nicht darum, Formulare oder Systeme zu „füttern".
- *Zielvereinbarungen* als Jahresziele sind überholt; Zielvereinbarungen und/oder Gespräche über die Erwartungen an die Rolle des Mitarbeiters können aber hilfreich sein, Tätigkeiten und Aufgaben sinnvoll auszurichten und zu präzisieren.
- Daher bleibt das *wiederholte Gespräch* über Ziele, Projekte, Erwartungen und deren Erreichung oder notwendige Anpassungen ein Muss.
- Miteinander zu sprechen, macht vornehmlich perspektivisch *nach vorn* schauend Sinn. Nur dann können Zielerreichungsgrad und Leistung noch sinnvoll beeinflusst werden.
- Das „Was" (Ergebnisse) und das „Wie" (Verhalten) der Leistungserbringung sollten *gleichberechtige* Bestandteile eines Mitarbeitergesprächs sein.
- Auch bei regelmäßigen, deutlich intensiveren und damit „agileren" Mitarbeitergesprächen sollten *regelhafte, grundsätzliche Betrachtungen* weiterhin durchgeführt werden. Themen wie Mitarbeiterentwicklung aus Sicht von Führungskraft *und* Mitarbeiter oder beispielsweise die Qualität der Zusammenarbeit unabhängig von kurzfristigen Ereignissen finden dort ihren Platz.
- Zeitnahes *persönliches Feedback* behält seinen Stellenwert; unabhängig davon, ob z. B. Feedback-Apps dieses sinnvoll ergänzen können.

- In agilen, manchmal hektischen und unsicheren Zeiten kann das ausführliche und umfassende Gespräch gleichsam ein wichtiger *Anker- und Orientierungspunkt* sein. Dazu nimmt man sich bewusst „Quality Time" füreinander – das kostet zwar zunächst Zeit, liefert jedoch wertvolle Impulse und somit Energie für eine agile Welt.

4.5 Probleme bei der Durchführung

In diesem Abschnitt werden Probleme bei der Implementierung und Durchführung von Mitarbeitergesprächen vorgestellt und es werden Vorschläge und Lösungsansätze für deren Überwindung gegeben. Für eine erste Bestandsaufnahme, wie professionell Mitarbeitergespräche derzeit durchgeführt werden, sollte sich jedes Unternehmen zunächst das eigene Mitarbeitergespräch vor Augen führen. Die folgende Aufstellung wird modifiziert nach Fauser (2005) wiedergegeben, der eine Reihe von Fragen nennt, die jede Führungskraft auf einer sechsstufigen Skala zwischen „nie" und „immer" für sich einschätzen sollte.

Checkliste zur Selbstprüfung der Führungskraft beim MAG

- ☐ Ich stimme den Termin mindestens zwei Wochen im Voraus mit den Mitarbeitern ab.
- ☐ Ich bereite mich sorgfältig auf alle Mitarbeitergespräche vor.
- ☐ Für Mitarbeitergespräche nehme ich mir ausreichend Zeit.
- ☐ Ich bemühe mich um einen guten Gesprächseinstieg.
- ☐ Ich höre meinem Gesprächspartner aufmerksam zu.
- ☐ Ich achte auf eine offene und zugewandte Körpersprache.
- ☐ Ich achte auf konkrete und konstruktive Rückmeldungen.
- ☐ Ich achte bei Kritik auf konkrete Aussagen und Beispiele.
- ☐ Ich kritisiere spezifische Sachverhalte, nicht die Person in Gänze.
- ☐ Im Gespräch trenne ich Beratungs- und Auswertungsphase.
- ☐ Ich begegne meinem Gesprächspartner mit Wertschätzung – auch wenn ich in der Sache eine andere Auffassung habe als er.
- ☐ Ich versuche, auch mit schwierigen Gesprächspartnern positiv umzugehen.
- ☐ Ich achte darauf, dass ich gute Leistungen herausstelle.
- ☐ Ich orientiere mich an Anforderungsprofilen.
- ☐ Ich prüfe gemeinsam mit dem Mitarbeiter, ob er ggf. über- oder unterfordert ist.
- ☐ Werden Ziele verfehlt, überlege ich mit dem Mitarbeiter gemeinsam, warum die Ziele nicht erreicht wurden und erarbeite Lösungsansätze.
- ☐ Ich berücksichtige Fördergesichtspunkte.
- ☐ Ich überprüfe im Gespräch erneut Möglichkeiten von Job Enrichment und Job Enlargement.

☐ Ich thematisiere positive und negative Arbeitsleistungen sowie die wechselseitige Zusammenarbeit.
☐ Bei Nichterreichung von gesetzten Zielen hinterfrage ich Ziel und Rahmenbedingungen kritisch.
☐ Ich achte darauf, überprüfbare Ziele (inkl. Terminierung) zu definieren.
☐ Ich achte auf die Formulierung konkreter und aussagekräftiger Ziele.
☐ Ich achte darauf, dass Ziele positiv formuliert sind.
☐ Ich vermeide Zielwidersprüche.
☐ Bei langfristigen Zielvereinbarungen arbeite ich mit Zwischenergebnissen und Zwischenkontrollen.
☐ Wichtige Gesprächsergebnisse halten wir schriftlich fest.
☐ Ich versuche, Mitarbeitergespräche immer positiv abzuschließen.
☐ Ich bereite Mitarbeitergespräche sorgfältig nach.

Wie bereits an den Fragen deutlich wird, lassen sich die Ursachen für ein misslungenes Mitarbeitergespräch verschiedenen Kategorien zuordnen. Wunderer (2011) nennt folgende Problemfelder des Mitarbeitergesprächs: Erstens die Qualifikation der Gesprächsteilnehmer (z. B. defizitäre Dialogfähigkeit), zweitens die Motivation zum Gespräch (z. B. mangelnde Kommunikationsbereitschaft) und drittens die Gesprächssituation (z. B. nicht ausreichende Vorbereitung). Vor allem auf verfehlte Kommunikation, Wahrnehmungs- und Beurteilungsfehler, den Umgang mit Ängsten und Befürchtungen sowie organisatorische Probleme wird im Weiteren eingegangen.

4.5.1 Misslungene Kommunikation/Kommunikationsstörungen

Fehlt es in Gesprächen an Offenheit und Klarheit oder versucht ein Gesprächspartner ein bestimmtes Ziel über Druck zu erreichen, so misslingt die Kommunikation häufig. Dieses Risiko wird maximiert, wenn der „Zahlendruck", wie in fast allen Organisationen üblich, immer stärker Platz greift. Die Gefahr misslungener Kommunikation besteht vor allem, wenn ein Gesprächspartner eine strategische und manipulative Form der Gesprächsführung wählt oder wenn ein oder beide Gesprächspartner starke Abwehrmechanismen zeigen. Abwehrmechanismen findet man vor allem dann, wenn großer Ärger, Frustrationen oder aber Kränkungen einen Gesprächspartner beeinflussen.

Fechtner und Taubert (1995) geben einen Überblick über Grundmuster von Einstellungen und Verhaltensweisen, die *Kommunikationsprobleme* hervorrufen:
- Angst vor der Gesprächs- oder Kontaktsituation
- fehlende Akzeptanz des Gesprächspartners und mangelndes Hineindenken in seine Situation
- fehlende Kontaktbereitschaft und „Sich-Einlassen" auf den Partner

- fehlende Konfliktbereitschaft und -toleranz
- fehlende Verantwortungsbereitschaft und mangelhafte konstruktive Einstellung zum Gespräch
- unzulängliches Zuhören, Ungeduld
- fehlende Souveränität bzw. Selbstsicherheit

Neben die genannten Kommunikationsstörungen tritt in der Praxis eine Reihe von Kommunikationsproblemen, die durch eine Vermischung der unterschiedlichen, in Abschnitt 2.1.1 vorgestellten Kommunikationsebenen auf Sender- oder Empfängerseite entstehen können. In Tabelle 13 sind mehrere Ursachen, die die Entstehung von Kommunikationsproblemen durch den *Sender* bedingen können, aufgeführt.

Tabelle 13: Ursachen für die Entstehung von Kommunikationsproblemen durch den Sender (in Anlehnung an Schulz von Thun, 2010; siehe auch Fiege et al., 2014)

Tatsache (Sachebene)	- Missbrauch von Informationen als Herrschaftswissen - mangelnde Sachlichkeit - mangelnde Verständlichkeit
Kontakt/Klima (Beziehungsebene)	- Herabsetzung - Bevormundung - Versuch, inhaltliche Probleme auf der Beziehungsebene zu lösen - Diskrepanzen bei der Interpretation (eigenes Verhalten wird lediglich als Reaktion auf Verhalten des anderen gesehen) – durch selektive Aufmerksamkeit selbstbestätigend
Ausdruck	- Imponiertechniken (häufig auch nonverbal) - Fassadenhaftigkeit (Nutzung von „man"- oder „es"-Botschaften)
Lenkung	- Vermeidung offener Appelle („man sollte mal ...") - Verwendung doppeldeutiger Appelle

Neben dem Sender können aber auch vom *Empfänger* – der ja in der Regel wiederum auch zum Sender wird – Kommunikationsprobleme hervorgerufen werden. So hat der Empfänger grundsätzlich die Wahl, auf welche Seite der empfangenen Nachricht er reagiert. Hierbei kann vor allem die stetige Wahl lediglich einer Ebene für die Interpretation einer Botschaft zu erheblichen Konflikten führen. Eine solche Tendenz kann zudem durch komplexitätsreduzierende Prozesse wie selektive Wahrnehmung, subjektive Interpretation und Tendenzen zur schnellen Reaktion noch gestützt und damit in ihrer Problematik verschärft werden.

Die mangelnde Bereitschaft oder Fähigkeit, dem Gesprächspartner zuzuhören, stellt ebenso eine häufige Ursache für Schwierigkeiten dar (siehe Abschnitt 2.1.2, vgl. auch die beiliegende Karte „Anregungen für das Mitarbeitergespräch"). Genauso können Probleme entstehen, wenn ein Mitarbeiter über selektive Informationsweitergabe versucht, die eigene Position zu sichern bzw. zu rechtfertigen. Feedbackprobleme treten dann auf, wenn ein Empfänger einer Nachricht gleichzeitig auch zum Sender wird und hierbei Sinneswahrnehmungen, Interpretationen und Gefühle nicht voneinander trennt. Vorgesetzte können den Mitarbeiter durch die Verwendung von „Sie-Botschaften" in die Enge treiben. Gleiches passiert bei globalen Abrechnungen und der fast ausschließlichen Betonung negativer Aspekte („Auf Sie konnte ich mich ja noch nie verlassen!"). Wird der festgelegte Rahmen einer Kommunikation im Problemfall nicht metakommunikativ durchbrochen, werden zudem Lösungsversuche häufig selbst zum Problem („Nehmen Sie sich doch mal ein Beispiel an mir.").

4.5.2 Wahrnehmungs- und Beurteilungsfehler im Gespräch

Wahrnehmungs- und Beurteilungsfehler im Gespräch äußern sich in verschiedenen Tendenzen, die u. a. bei Bewertungen oder Feedback zum Ausdruck kommen können. Grundsätzlich können dabei folgende *Kategorien* voneinander abgegrenzt werden:
1. Klassische Wahrnehmungsverzerrungen und ihre einschlägigen Effekte, wie z. B. der Halo-Effekt (s. u.),
2. Verzerrungen hinsichtlich der Maßstabsfrage, wie z. B. die Tendenzen zur Mitte/Strenge/Milde (s. u.),
3. Kognitiv bedingte Verzerrungen, wie z. B. selektive Erinnerung oder Beobachtungsprobleme bspw. aufgrund räumlicher Entfernung,
4. Effekte bewusster Verzerrungen, bei denen die Führungskraft beispielsweise aus taktischen Gründen wegen mikropolitischer Ziele in bestimmter Weise vorgeht, um etwa einen unliebsamen Mitarbeiter wegzuloben.

Der „*Halo-Effekt*" (bisweilen auch „Hof-Effekt") bezeichnet die Überstrahlung eines Leistungsaspektes, Persönlichkeitsmerkmals oder aber Gesamteindrucks auf die Bewertung aller anderen Leistungsaspekte. Borg (2003) fand in einer Studie einen affektiven Halo-Effekt bei Zufriedenheitsurteilen von Mitarbeitern. Anlass für die Studie war die Beobachtung, dass die Gesamturteile zur Zufriedenheit häufig systematisch positiver ausfallen als die Summe der einzelnen Teilurteile. Er konnte zeigen, dass sich Zufriedenheitsurteile für bestimmte Aspekte der Arbeit, somit auch das Mitarbeitergespräch, als Kompromiss zwischen einzelnen Einstellungen zu speziellen Unteraspekten und der allgemeinen Arbeitszufriedenheit ergeben, wobei die allgemeine Arbeitszufriedenheit die einzelnen Urteile überstrahlte.

Auch ein sog. „*Hierarchie-Effekt*" kann in Organisationen beobachtet werden. Dieser beschreibt das Phänomen, dass Mitarbeiter, die in der Organisationshierarchie höhergestellt sind, generell besser beurteilt werden (vgl. Kratz, 2012).

Vom *„Ersten-Eindruck-Effekt"* oder *„Primacy-Effekt"* spricht man, wenn der erste Eindruck spätere Eindrücke überstrahlt und somit Einfluss auf eine Bewertung nimmt. Alle nachrangig gewonnenen Eindrücke werden im Sinne des ersten Eindrucks gefiltert und interpretiert.

Im Gegensatz dazu steht der *„Letzter-Eindruck-Effekt"* oder *„Recency-Effekt"*, wobei die jeweils letzten Eindrücke frühere Eindrücke überstrahlen. Dieser Effekt kann sich verstärken, wenn Mitarbeiter sich in dem Zeitraum unmittelbar vor dem Mitarbeitergespräch als besonders engagiert erweisen.

Auch die häufige Interaktion mit einer Person z. B. durch räumliche Nähe, beeinflusst nicht selten die Bewertung dieser positiv, da man sich besser kennenlernt und damit aufeinander einstellen kann. Man spricht hierbei vom *„Kontakt-Effekt"* oder auch „Mere-exposure-Effekt".

Die *„Tendenz zur Mitte"* beschreibt beispielsweise das Verhalten, wenn Vorgesetzte deutliche Festlegungen scheuen und stattdessen bei der Bewertung der Zielerreichung oder des Verhaltens der Mitarbeiter ihre Wahrnehmung relativieren und mittlere Einschätzungen bevorzugen, sodass letztlich eine sinnvolle Differenzierung zwischen den Mitarbeitern kaum noch möglich ist.

Die *„Tendenz zur Milde"* ist häufig durch inkongruente Loyalitätswünsche gegenüber dem Mitarbeiter bedingt. Die Führungskraft fürchtet unangenehme Folgen eines realistischen (in diesem Sinne kritischen) Feedbacks. Sie will bspw. eine positive Beziehung zu dem Mitarbeiter oder eine hohe Motivation seitens des Mitarbeiters nicht gefährden.

Bei der *„Tendenz zur Strenge"* bewertet ein Vorgesetzter kritischer, weil er annimmt, sich damit im Sinne der Organisation richtig zu positionieren. In der Regel werden bei dieser Tendenz unrealistisch hohe Maßstäbe angesetzt.

4.5.3 Umgang mit Befürchtungen und Ängsten

Befürchtungen und sogar *Ängste* im Kontext des Mitarbeitergesprächs hängen häufig mit der persönlichen Chemie oder dem Klima zwischen Mitarbeiter und Führungskraft zusammen. Die Beziehung zwischen dem Vorgesetzten und seinen Mitarbeitern ist entscheidend für die Zufriedenheit der Mitarbeiter und das Arbeitsklima in dem jeweiligen Bereich und wirkt sich auch gravierend auf das Mitarbeitergespräch aus. Ein wichtiger Aspekt im Verhältnis zwischen Vorgesetzten und Mitarbeitern ist das *Vertrauen*. Der häufig rezipierte Management-Autor Sprenger (2007) sieht in ihm sogar die Essenz kompetenter Führung und somit folglich eine Garantie für den anhaltenden Erfolg eines Unternehmens (siehe auch Hakelmacher, 1996) und formuliert pointiert, dass von Vertrauen dann gesprochen wird, wenn es fehlt, seine Erscheinungsweise die Nichtexistenz sei.

Vertrauen wird vonseiten der Forschung bisweilen heterogen definiert (vgl. dazu auch den Abschnitt „Wie entsteht Vertrauen?" auf Seite 11). In einem Vergleich von 65 verschiedenen Definitionen fanden McKnight und Chervany (2000) vier grundlegende *Dimensionen* der Herausbildung von Vertrauen: Kompetenz, Wohlwollen, Integrität und Vorhersagbarkeit (siehe Abbildung 25). Vertrauen hat einen positiven Einfluss auf Kooperation und Teamwork, es erhöht altruistisches Verhalten und fördert den freien Informationstausch von unten nach oben (vgl. George & Jones, 1998). Damit erhöht Vertrauen über die Senkung von Transaktionskosten die Effektivität von Organisationen (vgl. Cummings & Bromiley, 1996).

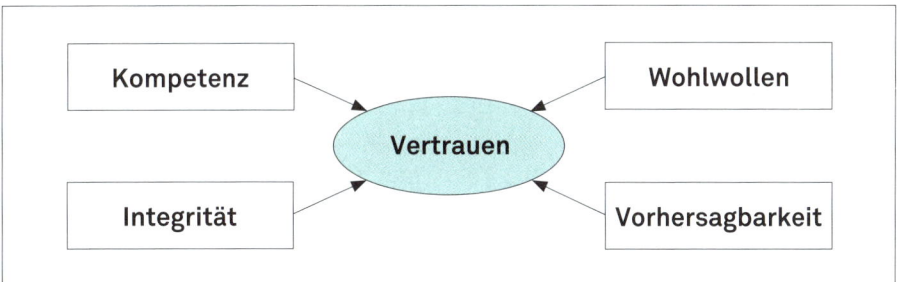

Abbildung 25: Zentrale Elemente des Vertrauens nach McKnight und Chervany (2000)

Mangelndes Vertrauen führt häufig dazu, dass Mitarbeitergespräche als reine Pflichtübung für die Personalakte oder als untauglicher Manipulationsversuch angesehen werden. Für das Mitarbeitergespräch ist es somit von herausragender Bedeutung, Vertrauen zwischen dem Vorgesetzten und den Mitarbeitern zu etablieren bzw. auszubauen. Eine Erhöhung von Vertrauensparametern durch den Einsatz von Mitarbeitergesprächen konnte durchaus nachgewiesen werden (z.B. Barthel & Kessel, 2004; Muck & Schuler, 2004). Dieser Prozess verläuft allerdings langfristig und ist sehr anfällig für Störungen, da Vertrauen sehr viel schneller beeinträchtigt bzw. zerstört ist, als es aufgebaut werden kann.

4.5.4 Organisatorische Probleme

Die meisten vordergründig organisatorischen Probleme lassen sich auf die Person bzw. das Verhalten der *Führungskraft* zurückführen. So sind beispielsweise eine schlechte Vorbereitung und zu wenig Zeit für das Gespräch (zum Thema Zeitmanagement siehe Kleinmann & König, 2018) immer auch auf den Einsatz und die Einstellung des Vorgesetzten zum Mitarbeitergespräch zurückzuführen.

Zudem können durch die Ausrichtung des Gesprächs und seine Inhalte Widersprüche entstehen. So findet man mittlerweile zumeist eine starke Ausrichtung der Mitarbeitergespräche an den *Zielvereinbarungen* und der Überprüfung des Zielerreichungsgrades, der häufig eng mit dem Gehaltssystem der Organisation verwoben ist. Hierdurch werden allerdings eine offene Thematisierung der wechselseitigen Zusammenarbeit und die Ermutigung zur Rückmeldung an den Vorgesetzten (vgl. Definition in Abschnitt 1.2) erschwert, da sich die meisten Beschäftigten nicht mehr trauen, Kritisches anzusprechen. Um dieses Problem zu überwinden, ist es durchaus sinnvoll, das Zielerreichungsgespräch vom klassischen Mitarbeitergespräch abzukoppeln (vgl. z. B. Rettig, 2015).

4.6 Trainingskonzepte zum Mitarbeitergespräch

Nachfolgend werden einige *Trainingskonzepte* vorgestellt, mit denen Vorgesetzte erstmalig an das MAG herangeführt werden können. Jede Führungskraft sollte zunächst die Fähigkeit zum erfolgreichen Führen eines Mitarbeitergesprächs bei sich hinterfragen. Dabei ist es kein Zeichen von Schwäche, externe oder interne Berater um Unterstützung zu bitten. Dies signalisiert im Gegenteil die Bedeutung des Themas und zeigt die Fähigkeit zur Selbstreflexion. Erwähnenswert ist und bleibt aber die Erfahrung, dass in den meisten Organisationen, wenn überhaupt, die Führungskräfte ein ausdifferenziertes Training zum Mitarbeitergespräch erhalten (z. B. bereits im Rahmen des Onboardingprozesses, siehe Moser, Soucek, Galais & Roth, 2018). Mitarbeiter ohne Führungsverantwortung müssen sich häufig mit eintägigen Informationsveranstaltungen, E-Learnings oder anderen Selbstlernmaterialien sowie Broschüren begnügen. Oft wird von dieser Zielgruppe dann der Besuch des Vorgesetzten beim Seminar nicht in o. a. Sinne der Selbstreflexion verstanden, sondern befürchtet, der Vorgesetzte erlerne „Herrschaftswissen" und „Psychotricks". Der offenen Kommunikation, was im Training passiert oder nicht passiert, kommt somit eine Schlüsselrolle zu.

- En-bloc-Training

Das *En-bloc-Training* ist die klassische Form des Mitarbeitergesprächstrainings. Sinnvoll ist eine mindestens eintägige Schulung, im Schnitt werden ein bis zwei (in seltenen Fällen drei) Tage angesetzt. Dabei sollten Wissensvermittlung und praktische Übungen mit Videofeedback in ausgewogenem Verhältnis zueinander stehen. Eine Obergrenze für die Teilnehmerzahl bei diesem Veranstaltungstyp sollte bei etwa 12 Personen liegen. Ein Nachteil dieser Trainingsform besteht darin, dass im Seminar häufig lediglich Erfahrungen mit dem Instrument MAG ausgewertet werden können, die aus dem Videotraining selbst stammen. Erst in mehrfachen Trainings nach Übernahme von Führungsverantwortung kann auf die Lerngeschichte aus absolvierten Mitarbeitergesprächen im Organisationsalltag zurückgegriffen werden. Letzteres ist nachhaltig anzuraten. Mitarbeitergesprächsführungskompetenz wird nicht einmalig erlernt, sondern muss immer wieder nachjustiert werden (vgl. auch den Punkt „Intervalltraining"). Derzeit ist eine Tendenz in vielen Organisationen zu beobachten, aus Kostengründen die Dauer von Mitarbeitergesprächstrainings zu verkürzen, was sich meist im Wegfall von Videotrainings niederschlägt, obwohl dieses (aus Sicht zahlreicher Experten) als eines der wirksamsten Instrumente im Verhaltenstraining und -feedback erachtet wird.

Übliche *Elemente* von Trainingsveranstaltungen zum Thema Mitarbeitergespräche sind Feedbackregeln und -instrumente wie das 360°-Feedback und Mitarbeiterbeurteilungen, Instrumente für Ziel- und Leistungsvereinbarungen, generelle Regeln und Tipps zur Kommunikation, Aufbau und Vorbereitung des Mitarbeitergesprächs, Gesprächseröffnung und Gesprächsführung sowie Übungen zu verschiedenen Gesprächssituationen. Im folgenden Kasten werden die Trainingsphilosophie, der Teilnehmerkreis und die Programminhalte eines Managementseminars zur erfolgreichen Führung von Mitarbeitergesprächen exemplarisch dargestellt.

Trainingskonzept „Mit Gesprächen erfolgreich führen"

Kurzbeschreibung: Auf Du und Du mit der Zukunft: Wie Führungskräfte das persönliche Gespräch mit ihren Mitarbeitern zu einem strategischen Instrument ihres Führungserfolgs machen können.

Ein „gutes" Mitarbeitergespräch dauert nicht länger als ein „schlechtes". Das persönliche Gespräch mit dem unterstellten Mitarbeiter wird angesichts der zunehmend digitalisierten Kommunikation immer entscheidender. Vor dem Hintergrund qualitativer und quantitativer Arbeitsverdichtung gilt es, die Gespräche möglichst effizient, motivierend, wirksam und nachhaltig zu gestalten. Gradmesser ist, mit welcher Einstellung bezüglich seiner Führungskraft der Mitarbeiter aus dem jeweiligen Gesprächskontakt herausgeht. Hat der Vorgesetzte an Führungswirksamkeit gewonnen oder verloren? Hat die Führungskraft für die Zukunft Handlungsoptionen hinzugewonnen oder sind ihre Spielräume eingeengt worden? Sind Problemlösungen auf den Weg gebracht worden oder wurde die Problematik lediglich weiter zementiert?

Teilnehmerkreis/Zielgruppe: Erfahrene Führungskräfte, die ihr Repertoire in der Gesprächsführung anreichern möchten; Manager, die noch nicht lange bzw. erst in Zukunft eine Führungsfunktion wahrnehmen und ihr Gesprächsverhalten schulen wollen; Personalverantwortliche, die Führungskräfte in der Gesprächsführung beraten müssen.

Dauer: 2 Tage.

Programminhalte:
- *Grundlage und Methodik:* Das persönliche Gespräch mit dem Mitarbeiter bildet die Basis des Führungsprozesses. Hier kann wie in keiner anderen Situation direkt Einfluss genommen werden. Auf Basis von Videosimulationen aktueller Themenstellungen aus dem Kreis der Trainingsteilnehmer werden – durch kurze eingestreute Theorieblöcke unterstützt – individuelle Hilfestellungen für erfolgreiche Mitarbeitergespräche erarbeitet.
- *Persönliche Standortbestimmung und Einordnung des eigenen Verhaltens:* Zentrale Bedeutung für einen gelungenen Führungsprozess kommt der realitätsgerechten Selbstsicht zu. Insofern ist eine persönliche Standortbestimmung als erster Schritt unerlässlich.
- *Führungsprinzipien und Führungsstil:* Nachhaltige Führung bedeutet, auf den Mitarbeiter in hohem Maße lenkend einzuwirken (zur Erreichung der sachlich-fachlichen Zielsetzungen). Letztlich ist erfolgreiches Arbeiten der Mitarbeiter aber nur möglich, wenn die Einstellung der Führungskraft zu ihnen von einer wertschätzenden Haltung getragen ist. Diese Haltung wird von den Mitarbeitern differenziert wahrgenommen.
- *Offenheit und Rückmeldung in der Kommunikation:* Die Beziehung zu anderen Personen am Arbeitsplatz wird durch das eigene Verhalten wesentlich mitbestimmt. Nur wenn Offenheit und Feedback zugelassen werden, haben Führungskräfte die Möglichkeit zu erfahren, wie sie von anderen gesehen werden. Dies eröffnet Chancen, das eigene Verhalten zu überdenken.
- *Beeinflussbarkeit von Verhalten:* Im Wesen des Führungsprozesses liegt es, dass Personen zu bestimmten Verhaltensweisen veranlasst werden sollen, die sie so nicht ohne Weiteres zeigen würden. Gleiches gilt für Verhaltensgewohnheiten, die ohne Zutun der Führungskraft nicht unterlassen würden. Wenn diese intentionale Beeinflussung mittel- und langfristig erfolgreich sein soll, sind verhaltenspsychologische Gesetzmäßigkeiten hinsichtlich des Lernens und der Verhaltensmodifikation zu berücksichtigen.
- *Vieldimensionalität von Gesprächen:* Neben den bloßen Sachinformationen werden in Gesprächen eine Reihe von Einflüssen wirksam, die über die Tatsachendarstellung hinausgehen. So schwingen zwischen den Zeilen stets Aspekte mit, die etwa über die Beziehungsebene den Gesprächserfolg massiv beeinflussen können.
- *Motivationale Konsequenzen des Führungshandelns:* Entscheidend für die Wirksamkeit der Führung ist insbesondere die von nachgeordneten Mitarbeitern subjektiv erlebte Einstellung der Führungskraft zum jeweiligen Mitarbeiter. Gleichwohl muss der Vorgesetzte die Erwartungen seines Mitarbeiters kennen, um angemessen damit umgehen zu können und – falls es sich um Fehlerwartungen handelt – diese zu korrigieren.
- *Motivation im Mitarbeitergespräch:* Obwohl auf vielfältige Weise demotiviert werden kann, erfolgt eine angemessene Motivation – die fast immer möglich ist – am besten im Gespräch mit dem direkten Vorgesetzten. Da niemand

> in der Lage ist, die Bedürfnisse und Erwartungen der Mitarbeiter so gut zu kennen wie der direkte Vorgesetzte, ist die Aufgabe der Motivation an niemanden delegierbar.

- Intervalltraining

In Erweiterung des En-bloc-Trainings bietet sich das *Intervalltraining* an, bei dem in einem zeitlichen Abstand von z. B. drei bis sechs Monaten ein halber bis ein (in seltenen Fällen auch bis zu zwei) zusätzliche Trainingstage absolviert werden, die auf die Auswertung der konkreten Erfahrungen mit dem Mitarbeitergespräch im Führungsalltag fokussieren. Im Zentrum sollte der offene Erfahrungsaustausch und die Diskussion über kritische Erfahrungen im MAG stehen. Wobei fiel es dem Vorgesetzten z. B. schwer, offen Kritik zu äußern oder anzunehmen? Wo gelang es nicht, den Mitarbeiter zum offenen Dialog zu bewegen? An welcher Stelle bleiben Vorbehalte gegenüber dem MAG bestehen? In welcher Form haben sich Erwartungen an das Mitarbeitergespräch erfüllt oder auch nicht?

Eine Variante des Intervalltrainings sind Angebote, bei denen Online-Lernangebote oder *E-Learnings* mit einem Präsenztraining verbunden werden – sei es, dass sie dem Präsenztraining voran- und/oder nachgestellt werden.

- Online-Lernplattformen

Online-Lernplattformen sind immer noch ein „Hype"; allerdings sind deren Möglichkeiten und deren Wirksamkeit verglichen mit konkreten Verhaltenstrainings – bei aller Interaktivität des Mediums – nach wie vor eingeschränkt. Zwar bieten Lernplattformen wie Coursera, Udacity oder LinkedIn Learning (LinL) ebenfalls Lerninhalte unter dem Stichwort „Mitarbeitergespräch" an (LinL: Stand 2019: über 40 Kurse und mehrere Videos), diese dürften aber eher ein mediengestütztes Selbstlernen unabhängig von Zeit, Ort und Endgerät ermöglichen als ein Verhaltenstraining vollumfänglich ersetzen zu können. In Deutschland geht man von über einer Million aktiven Nutzern dieser drei Plattformen aus, Tendenz steigend.

Diese Unabhängigkeit des Lernens von Zeit und Ort, bspw. auf dem Tablet oder Mobiltelefon, wird von vielen Mitarbeitern und Führungskräften geschätzt, da sie nicht auf einen fixen Termin für ein Präsenztraining warten müssen oder dessen Unterlagen nicht im Zugriff haben. Ein weiterer Vorteil dieser Angebote ist, dass der Teilnehmer zwischen kurzen Lern„häppchen" und mehrstufigen Kursen wählen kann. Das klassische E-Learning, das für ein Unternehmen spezifisch konzeptioniert wurde, geht eher zurück, was auch an den umgerechnet relativ hohen Kosten pro Person liegt.

> **Exkurs: Die Auswahl externer Trainer**
>
> Da zahlreiche Organisationen auf die Zusammenarbeit mit externen Trainern für die Schulung zum Mitarbeitergespräch zurückgreifen, werden im Folgenden einige zentrale Hinweise gegeben, die bei der Auswahl helfen können (siehe auch Felfe & Franke, 2014).
>
> Vor dem Hintergrund, dass im deutschsprachigen Raum bisher keine einheitliche Ausbildung für Managementtrainer etabliert werden konnte, sich die meisten Trainer aber für kompetent für Schulungen zum Mitarbeitergespräch halten, stehen Unternehmen vor der Auswahl aus einer großen, heterogenen Gruppe. Häufig binden sich Organisationen langfristig an einen Trainer oder ein Institut. Dies erleichtert ihnen die Qualitätsbeurteilung und bietet den Trainern zugleich die Möglichkeit, die Organisationsphilosophie und Eigenheiten näher kennenzulernen und in ihre Trainings mit einfließen zu lassen.
>
> Befindet sich eine Organisation auf der Suche nach einem neuen Trainer, so kann sie sich beim Vorgehen (nach Möglichkeit im Einklang mit den jeweils gültigen Einkaufsvorschriften) an folgenden Punkten orientieren:
>
> 1. *Treffen einer Vorauswahl von Trainern und Trainingsinstituten, die in der engeren Wahl sind.* Für die Vorauswahl können eine Reihe von unterschiedlichen Kriterien in Betracht gezogen werden. Diese reichen von der Empfehlung und Einholung von Referenzen eines Trainers bis hin zur Berücksichtigung von Kostengesichtspunkten.
>
> 2. *Einholung von Informationsmaterial und einem Vorabangebot der ausgewählten Anbieter.* Für ein Vorabangebot ist es nicht nur wichtig, dass das Trainingsinstitut Daten preisgibt, von gleicher Bedeutung ist es hier, dass das Unternehmen dem potenziellen Trainer Informationen über das Unternehmen und das geplante Projekt zukommen lässt, sofern diese bereits vorhanden sind.
>
> 3. *Prüfung der eingehenden Angebote und Materialien.* Hierbei sollte vor allem auf die Angaben zur Vorgehensweise und Zielsetzung der geplanten Maßnahme, die Leistungsbestandteile und Trainingsinhalte, die eingesetzten Methoden und die Aussagen zu Konditionen und Rahmenbedingungen geachtet werden. Manche Institute legen auch eine Referenzliste und bereits die Profile der vorgesehenen Trainer vor.
>
> 4. *Durchführung von Gesprächen mit den infrage kommenden Anbietern.* Grundsätzlich sollte das erste Gespräch kostenlos sein. Gegenüber den schriftlichen Angeboten bietet es die Möglichkeit, die Persönlichkeit des Beraters/Trainers und ggf. auch schon die Passung festzustellen. Gute Trainer zeichnen sich unter anderem dadurch aus, dass sie sich über die Lage und die Vorstellungen des Unternehmens umfassend informieren.

Nicht zu verkennen ist schließlich, dass sich ein gutes und demnach erfolgreiches Training immer an die Köpfe bestimmter Personen knüpft, also nicht die Professionalität des Angebots entscheidend ist, sondern die der handelnden Personen. Besonders gefragte Berater bzw. Trainer treffen vielfach nur mündliche Vereinbarungen, da sie über einen einschlägigen Ruf und ebensolche Kompetenzen verfügen. Exakt abzuklären ist auch, ob der eloquent kompetente Trainer aus der Akquisitionspräsentation auch derjenige ist, der das Training in persona durchführen wird.

Merke: Wie in anderen Geschäftsfeldern auch, gilt für das Thema des Mitarbeitergesprächstrainings erst recht, dass der billigste Anbieter keineswegs der preiswerteste sein muss.

5 Fallbeispiele aus der Unternehmens- und Beratungspraxis

5.1 Die Entwicklung des Mitarbeitergesprächs bei einem international tätigen Pharmaunternehmen

Bei Boehringer Ingelheim hat das Mitarbeitergespräch eine Entwicklungsgeschichte von etwa 40 Jahren. Es wurde erstmalig gegen Ende der 1970er Jahre eingeführt und seitdem auf Basis der internen Erfahrungen, Erkenntnisse und Trends im Personalmanagement kontinuierlich weiterentwickelt. Plakativ könnte man auch formulieren: Vom Dialog über Arbeit und Zusammenarbeit über integriertes Talent Management zu People Growth. Selbstverständlich sind die folgenden Schilderungen auch davon geprägt, dass Originalmaterialien der Organisation an vielen Stellen Eingang gefunden haben. Den Gesamtprozess seit Mitte der 1980er Jahre veranschaulicht Abbildung 26 (vgl. Berndt & Castresana, 2018).

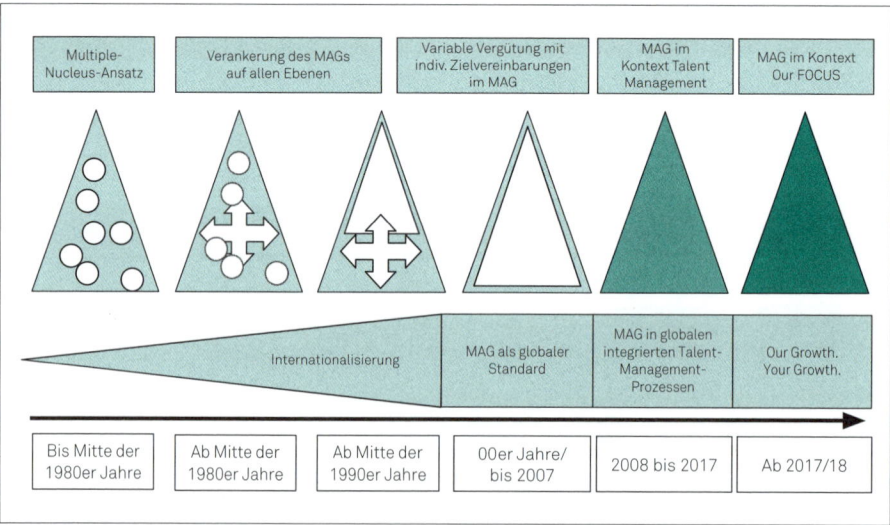

Abbildung 26: Gesamtprozess der Implementierung des Mitarbeitergesprächs bei Boehringer Ingelheim

5.1.1 Die Ursprünge des systematischen Mitarbeitergesprächs

Die beiden größten deutschen Tochterunternehmen führten bereits gegen Ende der 1970er Jahre/Anfang der 1980er das Mitarbeitergespräch als *Dialog über Arbeit und Zusammenarbeit* ein. Zum damaligen Zeitpunkt kontrastierten viele Personalabteilungen das Mitarbeitergespräch zu formalisierten Zielvereinbarungs- und Beurteilungsverfahren. Als Hauptschwäche dieser Instrumente wurde die einseitige Fokussierung auf Leistungen und Ziele angesehen. Diese Schwerpunktsetzung ließ außer Acht, dass gerade die Qualität der Zusammenarbeit gravierende Auswirkungen auf die Arbeitsergebnisse hat.

Die erste Version des Mitarbeitergesprächs Ende der 1970er Jahre beleuchtete bereits sämtliche auch heute noch unverändert relevanten Aspekte wie Zielvereinbarung/gemeinsame Ausrichtung und Beurteilung, Qualität der Zusammenarbeit sowie Personalentwicklungsmaßnahmen. Als größte potenzielle Schwierigkeit aufseiten der Vorgesetzten vermutete man, kritische Aspekte der Zusammenarbeit überhaupt thematisieren zu können bzw. zu wollen, Emotionen angemessen artikulieren bzw. aufnehmen zu können sowie konstruktiv mit Feedback umzugehen. Die Idee des Mitarbeitergesprächs beruhte auf der Überzeugung, dass die Aufgaben des Unternehmens nur partnerschaftlich und mit beidseitiger Wertschätzung zu lösen sind.

Folgerichtig lassen sich die damaligen ersten Mitarbeitergesprächstrainings eher als *allgemeine Gesprächstrainings* charakterisieren. In manchen Einladungen und Einleitungen zu Seminarveranstaltungen wurden diese Veranstaltungen pointiert als „Zuhörtrainings" beschrieben; in der Tat war „Zuhören, anstatt selbst zu reden und sofort zu reagieren" eine wichtige Lernerfahrung für zahlreiche Teilnehmer. Ein Kernsatz lautete: „Das Mitarbeitergespräch heißt so, weil in ihm der Mitarbeiter den größten Redeanteil haben sollte!".

Bei der damaligen Einführung nutzte man eher eine *Multiple-Nucleus-Strategie* (vgl. Abschnitt 3.2.2), d.h. man arbeitete zuerst mit wenigen, stark an der Verbesserung des Mitarbeiterdialogs interessierten Personen bzw. Gruppen auf allen Ebenen der Organisation. Eine klassische Top-down-Implementierungsstrategie wurde auf diese Weise nicht umgesetzt.

Ab Mitte/Ende der 1980er Jahre war das Mitarbeitergesprächstraining in der Organisation flächendeckend verankert und ein fester Bestandteil des Curriculums für alle (neuen) Führungskräfte. Gleichzeitig belegten viele Gespräche sowie die Ergebnisse einer internen Evaluierungsstudie, dass aufgrund der starken Betonung der Gesprächsführungskomponente im Training andere wichtige Facetten vernachlässigt wurden. Das Mitarbeitergespräch fokussierte offensichtlich bis dato zu stark auf die beiden Aspekte Qualität der Zusammenarbeit und Feedback.

Die *Qualität der getroffenen Zielvereinbarungen* kam demgegenüber oftmals zu kurz. Einige Mitarbeiter sprachen offen an, dass sie auf das ihnen zustehende Mitarbeitergespräch lieber verzichten wollten, da sie eine zwanghafte Überbetonung der Beziehungsebene befürchteten oder bereits erlebt hatten. Gleichgerichtet argumentierten Vorgesetzte, die offensichtlich aus ähnlichen Gründen beziehungsorientierten, emotionalen Gesprächsaspekten ausweichen und diese „wegdrücken" wollten.

5.1.2 Refokussierung des Mitarbeitergesprächs: Ziele nicht aus den Augen verlieren

In den 1990er Jahren wurde – mitverursacht durch strukturelle Veränderungen im Unternehmen – das Gleichgewicht der unterschiedlichen Ziel-Ebenen im Mitarbeitergespräch in einer neuen Broschüre betont und das Training adjustiert. Das Unternehmen ging noch einen Schritt weiter: Um die Qualität der Zielvereinbarungen zu steigern, wurden zusätzlich zum überarbeiteten Mitarbeitergesprächstraining separate *Zielvereinbarungstrainings* implementiert. In den Mitarbeitergesprächstrainings wurde der Zielvereinbarungsprozess primär auf einer inhaltlich-kognitiven Ebene eingeübt. Das stärker praxisorientierte Zielvereinbarungstraining fand zuerst mit gemischten Gruppen anhand fiktiver Beispiele statt. Schnell stellte sich heraus, dass Zielvereinbarungsworkshops in realen Arbeitseinheiten ein wesentlich sinnvolleres Mittel zur gelungenen Umsetzung darstellten. Die Zielkaskadierung konnte somit am konkreten Zielsystem der Gruppe oder Abteilung geübt werden (abgeleitet aus der Strategie/Teilstrategie). Zum Teil wurden konkrete Ziele im Training als Zielvereinbarung(-sentwürfe) für ausgewählte Personen oder Teams festgehalten.

> **Lernziele des Mitarbeitergesprächstrainings (Auszug)**
> - Die Teilnehmer haben ein gemeinsames und gleiches Verständnis vom Sinn, von der Bedeutung und von der Art der Durchführung des Mitarbeitergesprächs.
> - Die Teilnehmer kennen die Problematik der Urteilsbildung und sind sich der Wirkung ihres Urteils auf ihre Mitarbeiter bewusst.
> - Die Teilnehmer kennen die Schwierigkeiten, aber auch die Möglichkeiten der „non-direktiven Gesprächsführung". Sie sind sich über den Wert gezielten Zuhörens und Fragens im Klaren, und sie gewinnen etwas mehr Sicherheit für die Führung der Mitarbeitergespräche.
> - Die Teilnehmer haben gemeinsam einen Leitfaden für das Mitarbeitergespräch.
> - Die Teilnehmer haben im Video-Training ihr Gesprächsverhalten im Sinne „non-direktiver Gesprächsführung" entwickelt.

Die überwiegende Zahl der Führungskräfte griff rasch das refokussierte Mitarbeitergesprächskonzept auf und erlebte dies als hilfreich im Führungsprozess. Je stärker der konkrete Zielvereinbarungsprozess in der Praxis umgesetzt wurde, desto offensichtlicher wurde eine weitere Optimierungsmöglichkeit. Es stellte sich nun die Frage, *wie erfolgreich sind Vorgesetzte bei der richtigen Beurteilung des Grades der Zielerreichung?*

5.1.3 Verknüpfung von Zielen mit Elementen variabler Vergütung

Mitte der 1990er Jahre wurde intensiv die Einführung von Elementen variabler Vergütung im Unternehmen diskutiert und auch Top-down für bestimmte Mitarbeitergruppen eingeführt. Durch die Tatsache, dass nunmehr Ziele mit Geld incentiviert waren, wurde eine immense Schärfung der Aufmerksamkeit erreicht, was die *Qualität der Zielvereinbarungen* betraf. Darüber hinaus trat in den Fokus, welche exakt die Kriterien für eine 100-prozentige Zielerreichung sind und wie diese im Mitarbeitergespräch festgehalten werden können. Die klassischen Anforderungen, Ziele S-M-A-R-T (siehe Abschnitt 4.1.2) zu formulieren, wurden konkreter. Dies wiederum forderte Vorgesetzte und Mitarbeiter im Dialog. Alle Beteiligten beschäftigten sich mit der Frage, wodurch Wertbeiträge im Unternehmen geschaffen werden und wie dies sinnvoll mit Zielen im Mitarbeitergespräch verknüpft werden kann. In den Abbildungen 27 und 28 finden sich beispielhafte Visualisierungen aus einem Mitarbeitergesprächstraining.

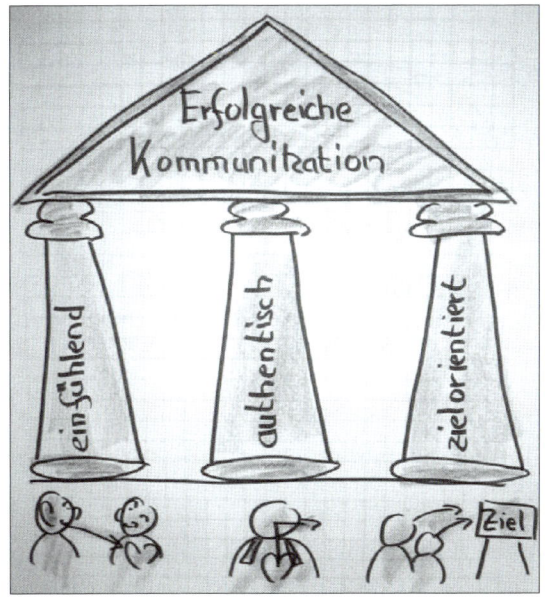

Abbildung 27:
Visualisierung erfolgreicher Kommunikation aus einem Mitarbeitergesprächstraining

Darüber hinaus stellte sich die Frage, welche Ziele denn überhaupt vereinbart werden sollen und dürfen. Quantitative versus qualitative Ziele, fachliche Ziele, Führungs- und Verhaltensziele oder Entwicklungsziele? Somit wurde im Mitarbeitergesprächstraining die Frage der Zielkaskadierung am konkreten Zielsystem (key issues, key initiatives, key value drivers) und anhand konkreter Messgrößen intensiver behandelt. Mit der Einführung variabler Vergütung wurde nicht nur diese, sondern auch deren Einbettung in das Mitarbeitergespräch im Rahmen einer Betriebsvereinbarung mit dem *Betriebsrat* des Unternehmens festgehalten. Seitdem ist das Mitarbeitergespräch als Pflicht und Recht des Mitarbeiters wie des Vorgesetzten aus dem Führungsalltag nicht mehr wegzudenken. Im Regelfall sind beide Gesprächspartner auf das Mitarbeitergespräch gut vorbereitet und eingestimmt.

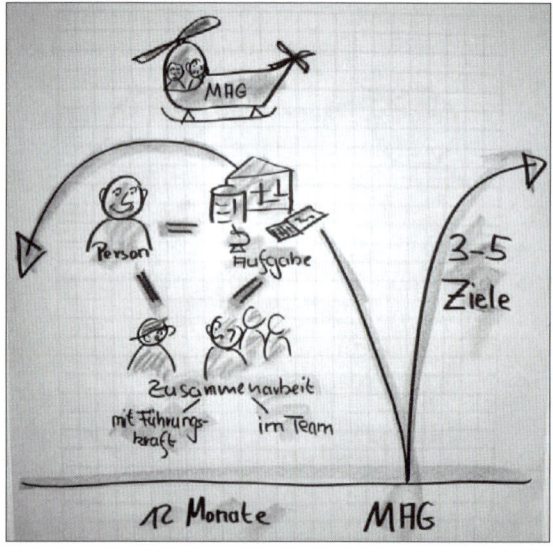

Abbildung 28:
Veranschaulichung der Rolle des MAGs im Zielvereinbarungsprozess

5.1.4 Zu einer neuen Balance verschiedener Gesprächselemente

Das Unternehmen ging davon aus, dass – verursacht durch die Schärfung der Aufmerksamkeit für die vereinbarten Ziele und die adäquate Einschätzung der Zielerreichung – folgender Effekt ausgelöst werden könnte: Aspekte der Qualität der Zusammenarbeit, des Feedbacks oder der Entwicklungsplanung könnten für den Mitarbeiter in den Hintergrund treten und damit zu kurz kommen. Entsprechend wurde das Trainingskonzept abermals den veränderten Notwendigkeiten angepasst und die verschiedenen Mitarbeitergesprächselemente erneut ausbalanciert. In einem Skript zum Mitarbeitergesprächstraining fand sich das ursprüngliche Statement wieder: „Das Mitarbeitergespräch heißt so, weil in ihm der Mitarbeiter die größte Redezeit haben soll!".

Im Jahre 2008 war das Mitarbeitergespräch weiterhin Bestandteil des verpflichtenden Trainings für Führungskräfte. Es wurde in der beschriebenen ausbalancierten Form durch die vier Leitfragen der damaligen Unternehmensphilosophie gestützt, die sinngemäß etwa so lauteten: Welche Initiativen ergreift der Mitarbeiter? In welchem Umfang besteht eine gemeinsame Ausrichtung? Inwiefern entwickelt er sich mit dem Team weiter? Welche Ergebnisse erzielt er?

Exkurs: Die Internationalisierung des Mitarbeitergesprächs

In den 1980er Jahren war das Konzept des Mitarbeitergesprächs vornehmlich in den deutschsprachigen Einheiten des Unternehmens implementiert. Einige andere europäische Tochterunternehmen griffen interessiert und erfolgreich den Ansatz auf. Auch in den USA adaptierte man das Konzept. In den 1990er Jahren gab es den ersten Ansatz, das Konzept systematisch zu internationalisieren. Es entstanden eine englischsprachige Mitarbeitergesprächsbroschüre und ein Trainingsansatz, auf dessen Basis das Konzept weltweit implementiert werden konnte. Aus dem Mitarbeitergespräch wurde im Firmenverband das internationale „Performance Management Tool" und gleichsam eine Marke („Mitarbeitergespräch" oder „MAG" wird es auch heute weltweit unübersetzt benannt).

Bei der Verbreitung in andere Kulturräume der Organisation als dem westeuropäisch-angloamerikanischen (hier wurde eine klassische Top-down-Implementierung, beginnend mit dem Managementteam, praktiziert) wurden allerdings auch die Grenzen des Konzepttransfers sichtbar. Im *asiatischen Raum* bspw. war vor dem Jahr 2000 zwar zu vermitteln, dass im Unternehmen eine partnerschaftlich und von beidseitiger Wertschätzung geprägte Gesprächskultur einen hohen Wert darstellt, ein offenes Bottom-up-Feedback an den Vorgesetzten schien in manchem kulturellen Kontext jedoch (noch) nicht vorstellbar. Es war allerdings in zahlreichen internationalen Projekten, Austauschen und Personalentwicklungsaktivitäten spürbar, dass auch in Asien jüngere Führungskräfte differenziertere Haltungen und Erwartungen hinsichtlich einer zeitgemäßen Feedbackkultur entwickelten, die dem durch das Mitarbeitergespräch vertretenen Konzept sehr nahe kommen.

Inzwischen nehmen jüngere Manager wie auch Mitarbeiter z. B. in Japan das Konzept ohne Akzeptanzschwierigkeiten auf. Das mag daran liegen, dass viele von ihnen schon mit westlichen Managementkonzepten Berührung hatten bzw. diese generell in Asien eine stärkere Verbreitung gefunden haben und teilweise bereits eine westlich-amerikanische Prägung stattgefunden hat. Blickt man auf den angloamerikanischen Raum, so lassen sich auch dort Veränderungen in der Wahrnehmung des „MAG – Employee Dialogue" hin zu einem eher ganzheitlichen Ansatz beobachten; Diskussionen über Zielerreichung und Boni stellen auch hier lediglich einen Teilaspekt des MAGs dar.

5.1.5 Das Mitarbeitergespräch im Kontext eines integrierten Talent-Management-Ansatzes

Im Jahre 2009 folgte Boehringer Ingelheim den Überlegungen, einen globalen, einheitlichen *Talent-Management-Prozess* verbindlich einzuführen. Zentraler Baustein dieses für alle 40.000 Mitarbeiter im Unternehmensverband umzusetzenden Konzeptes blieb das Mitarbeitergespräch.

In ihm wurden nun ausführlicher (als vielleicht bisher) Entwicklungswünsche des Mitarbeitenden und Entwicklungsperspektiven aus Sicht des Unternehmens miteinander verzahnt, auch wurde dem Thema „Potenzial für weiterführende Aufgaben" besondere Bedeutung geschenkt und verschiedene Potenzialkategorien wurden eingeführt. Das Gespräch über Leistung, Entwicklung und zukünftige Anforderungen und Entwicklungsperspektiven wurde damit gestärkt und so auch wieder eine größere Balance im Vergleich zur oftmals zeitlich überwiegenden Diskussion rund um Ziele und Zielerreichungsprozentsätze hergestellt.

Das Unternehmen entschied sich an den deutschen Standorten für eine *stufenweise* Einführung des neuen Talent-Management-Ansatzes, beginnend mit den Leitenden Angestellten und dann schrittweise über die Führungskräfte bis hin zu allen Mitarbeitern. Bewusst wurde Talent Management damit im Gegensatz zu anderen Unternehmen nicht nur für den außertariflichen Bereich zum Thema gemacht. Stark durch die Arbeitnehmervertreter unterstützt, wurde bei der Einführung im Tarifbereich das Mitarbeitergespräch mit all seinen Bestandteilen noch einmal flächendeckend trainiert. So entstanden Trainings zum Mitarbeitergespräch im Kontext Talent Management mit dem Schwerpunkt Gesprächsführung sowie separate Prozesstrainings zu Talent Management@BI (BI = Abkürzung für Boehringer Ingelheim).

Gerade angesichts der großen Führungsspanne der Vorgesetzten zum Beispiel in der Produktion war es wichtig, das Verständnis für den allseitigen Nutzen der nun intensivierten (Mitarbeiter-)Gespräche zu schaffen. Talent Management für alle Mitarbeiter sollte kein Slogan bleiben, sondern mit Bedeutung, Inhalt und (Er-)Leben gefüllt werden (Stichwort: „Der richtige Mitarbeiter zur richtigen Zeit am richtigen Ort."). Um vor allem die rund 3.000 Mitarbeiter und Vorgesetzten auf den unteren Ebenen der Organisation anzusprechen und zu aktivieren, wurden neue Wege gewählt: Videoclips in Trickfilmlegetechnik wurden produziert und neue Großgruppenformate konzipiert. Besonders herausfordernd war die Situation in den Teilen des Unternehmens, in denen im Schichtbetrieb gearbeitet wurde. Dort stand in der Regel nur ein knapper Zeitraum nach der jeweiligen Schichtübergabe zur Verfügung, der für Information und Aktivierung der Mitarbeiter ohne Führungsverantwortung genutzt werden konnte.

Zusätzlich wurden sog. Lernlandkarten entwickelt und die Vorgesetzten in deren Nutzung unterwiesen. Diese Materialien ermöglichen – zum Beispiel in Teambesprechungen – Ziele und Schritte im Talent-Management-Prozess und dem damit verbunden Mitarbeitergespräch schnell, prägnant und eher spielerisch zu vermitteln. Unterstützend wurden auch Leporellos und *Quick-Cards* (siehe Abbildung 29) im Postkartenformat produziert, die zum schnellen Vergegenwärtigen von Inhalten, Techniken und Prozessen dienten und in einer kleinen Sammelmappe stets griffbereit verstaut werden konnten.

Abbildung 29: Quick Cards (Auswahl)

Bei allem Erfolg, auf diesem Wege dem etablierten Instrument Mitarbeitergespräch neuen Schwung und neue Bedeutung zu geben, soll nicht unterschlagen werden, dass auch bei Boehringer Ingelheim die Gefahr bestand und besteht, das Mitarbeitergespräch mit einer Fülle von zu besprechenden und zu dokumentierenden Themen zu überlasten. Im unteren Tarifbereich wurde daher auch auf eine verbindliche, aufwendige elektronische *Dokumentation* des Talent-Management-Prozesses für jeden Mitarbeiter im globalen HR-System verzichtet und es wurden weiterhin die gewohnten Papierunterlagen zugelassen.

5.1.6 Bilanz zum Mitarbeitergespräch im Talent-Management-Prozess

Gegen Ende des Jahres 2016 (in Teilen schon ein Jahr früher) wurde im Unternehmen begonnen, die Frage zu stellen, wie das Talent und *Performance Management* weiterentwickelt werden könnte. Die Begriffe Vereinfachung, Wirksamkeit und Fokussierung leiteten die Diskussion und warfen auch die Frage auf, welche Rolle das Mitarbeitergespräch spielen soll, besser gesagt, welche Funktionen es im Rahmen von Leistungsbeurteilung/Performance Management/Talent Management übernehmen soll:

- Geben gemeinsame übergeordnete Kompetenzen nicht eine bessere Orientierung?
- Passen Jahresziel-Vereinbarungen noch in ein agiles Unternehmen in einer immer volatiler werdenden Welt?
- Wie häufig müssen wir Zielvereinbarungen dann unterjährig anpassen?
- Sind an Jahresziele geknüpfte individuelle Boni noch so motivierend, wie das bei der Einführung vor bald zwei Jahrzehnten geglaubt wurde?
- Wie können eine regelmäßige, vorwärtsgerichtete Diskussion und ein Feedback zur Leistung aussehen, die von der Organisation nicht als vermehrte Bürokratie, sondern als Unterstützung der betrieblichen Prozesse erlebt werden?
- Welche Gültigkeit haben definierte Karrierepfade, wenn sich Organisationsstrukturen und geforderte Kompetenzprofile immer schneller verändern?
- Haben komplexe und aufwendige Crossvalidierungen (Abstimmungen im Kreis der Vorgesetzten) von Leistung wirklich die Steigerung an erlebter Fairness für die Mitarbeiter gebracht, den diese sich erhofft haben?
- Und wenn ja, sind Aufwand und Ertrag dieses Prozesses im rechten Einklang?

In das Jahr 2017 fiel eine grundsätzliche *strategische Veränderung* im Unternehmen: Durch den Asset-Swap mit Sanofi (Tausch des BI-Selbstmedikationsgeschäftes gegen das Merial-Tiergesundheitsgeschäft von Sanofi) veränderten sich Geschäftsfelder, Ausrichtungen und Wettbewerbssituation. Schlagartig wuchs das Unternehmen von 45.000 auf über 50.000 Beschäftigte. Gleichzeitig setzte sich die Unternehmensleitung in neuer Form auch mit neuem CEO zusammen. Drei Fragen drängten nach einer zeitgemäßen Antwort:

- Wer sind wir als Unternehmen?
- Wie arbeiten wir zusammen?
- Was wollen wir erreichen?

Abbildung 30 zeigt die Evolutionsstufen des MAGs bei Boehringer Ingelheim im Überblick.

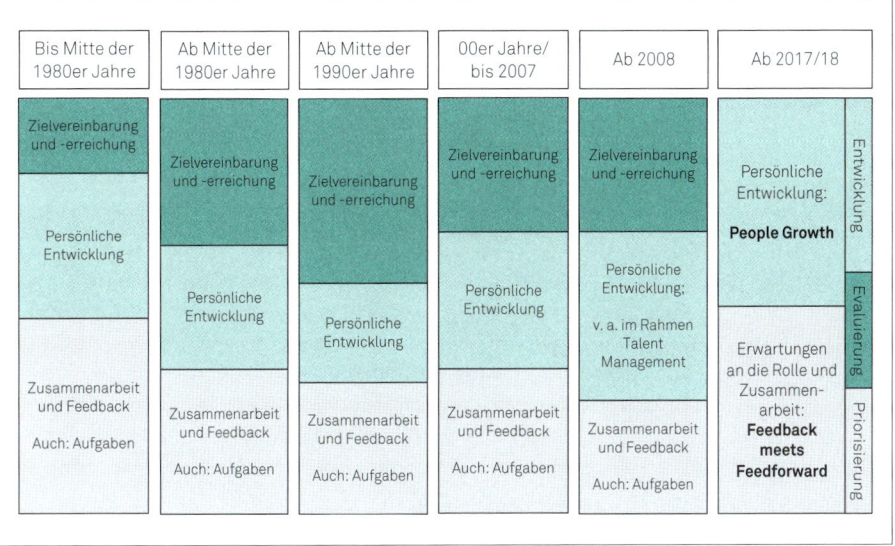

Abbildung 30:   Evolutionsstufen des Mitarbeitergesprächs bei Boehringer Ingelheim

Unter der Überschrift „Our FOCUS" wurden die Antworten auf diese drei Fragen vorgestellt, diskutiert und mit Leben gefüllt (siehe Abbildung 31).
- Wer sind wir als Unternehmen? → Der Kern unseres Leitbildes
- Wie arbeiten wir zusammen? → Agilität, Verantwortung, Unternehmerisches Denken (englisch: AAI; siehe Abbildung 32)
- Was wollen wir erreichen? → Ambition 2025

Abbildung 31:   Kernelemente von „Our FOCUS"

Abbildung 32: AAI – Wie arbeiten wir zusammen?

Den Beschäftigten waren die klaren, einfachen Botschaften von „Our FOCUS" eine willkommene Orientierung und wurden überwiegend schnell verstanden und akzeptiert; wie auch erste interne Pulse-Checks (Kurzbefragungen) zeigten. Gleichzeitig rief die Prägnanz und Einfachheit der drei Kernelemente von „Our FOCUS" die Frage hervor: „Gelingt das nicht auch für unsere HR-Elemente?"

In relativ kurzer Zeit wurden neue Modelle des „Performance Management" und „Talent Management" erarbeitet, schnell wurde u. a. klar, dass das Unternehmen gut daran tut, sich von diesen – nicht von allen Beschäftigten durchweg positiv belegten – Begriffen zu trennen: Mit „Your Growth. Our Growth" wurde ein neuer Oberbegriff dafür geschaffen, der weltweit genutzt wird (und auch nicht ins Deutsche übersetzt wird). Ein Umfeld für individuelles und unternehmerisches Wachstum schaffen, das ist die Bedeutung, die *People Growth* gegeben wird. Dabei macht sich die Fokussierung auf People Growth an drei Punkten besonders fest:
- Regelmäßiger Dialog zwischen Führungskräften, Mitarbeitern und Teams
- Betonung von AAI: nicht nur das „Was", sondern auch das „Wie"
- Kontinuierliche, selbstgesteuerte und AAI-fokussierte Entwicklung durch LEARN (Boehringer Ingelheims Lernlandschaft)

Zentrale Bausteine von People Growth sind das MAG (Mitarbeitergespräch), die Team Development Discussion (TDD) und das Lernumfeld (LEARN). Auf der Anerkennungs-/Vergütungsseite wird der Mitarbeiter am unternehmerischen Erfolg durch eine variable Komponente (VPR) beteiligt (siehe Abbildung 33); diese ist aber nicht mehr wie bisher an individuelle Zielvereinbarungen aus dem MAG gebunden, sondern bemisst sich ausschließlich am Unternehmenserfolg.

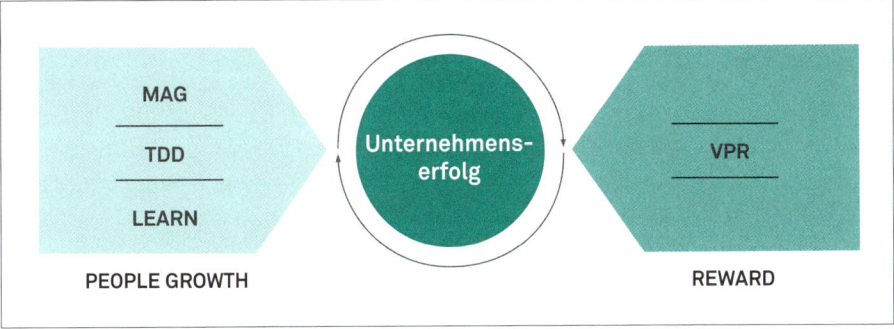

Abbildung 33: Your Growth. Our Growth.

Eine der zentralen Änderungen bei den Inhalten des Mitarbeitergesprächs ist der *Wegfall der individuellen Zielvereinbarungen* (und der damit verknüpften individuellen variablen Vergütung). Statt über Zielvereinbarungen wird nun über „Erwartungen an die Rolle" gesprochen, um einer ausführlichen Diskussion über zunehmend volatilere interne und externe Rahmbedingungen und deren Auswirkungen auf den Mitarbeiter Rechnung zu tragen. Auch werden die Notwendigkeiten für ein agiles Teamwork und die Rolle des einzelnen Mitarbeiters darin besprochen. Unter dem Stichwort: „Feedback meets Feedforward" wurden die Schwerpunkte des MAGs neu definiert: Entwicklung, Priorisierung und Evaluation (siehe Kasten).

> **Mitarbeitergespräch (MAG): Feedback meets Feedforward**
>
> Das Mitarbeitergespräch ist ein wichtiger Eckpfeiler von People Growth@BI und beschreibt einen regelmäßig stattfindenden Dialog zwischen einem Mitarbeiter und seinem direkten Vorgesetzten. Es schafft die Basis für eine offene Feedbackkultur und dient zur dynamischen Ausrichtung von Einzel- und von Teambedürfnissen. Somit soll auch die Zusammenarbeit zwischen Mitarbeitern und Führungskräften gestärkt werden. Jeder hat Anspruch auf ein solches Gespräch, es kann sowohl durch den Mitarbeiter als auch durch die Führungskraft initiiert werden. Das Planungs- und Evaluations-MAG wurde jedes Jahr auf den Zeitraum zwischen Dezember und Ende Februar terminiert. Dieser formale Schritt wird im Laufe des Jahres von verschiedenen Einzel- und Team-Performance-Check-Ins unterstützt. Diese sollen durch 1:1-Dialog und Team-Business-Meetings fortlaufendes Feedback und Feedforward zur Entwicklung sicherstellen.

Die drei *Kernelemente* des MAGs sind:

Entwicklung

Das MAG fokussiert auf Feedback und Feedforward. Es schafft die Möglichkeit, das Gespräch auf die Weiterentwicklung, die Förderung effektiver Verhaltensweisen (AAI; siehe Abbildung 32) und die notwendigen Fähigkeiten für die Zukunft zu fokussieren. Der Kern des MAGs ist:
- Analyse der Stärken und Herausforderungen
- Definition von Entwicklungsmaßnahmen bzgl. Prioritäten und Ambitionen
- Fokussieren auf Wachstumsfelder
- Unternehmerische Umsetzung von Entwicklungsmaßnahmen

Priorisierung

Das MAG dient auch der Fokussierung auf die inhaltlichen Schwerpunkte für das kommende Jahr:
- Definition von Prioritäten in der Rolle
- Analyse von AAI-Verhaltensweisen
- Beweglichkeit bei den Prioritäten

Heutzutage besteht ein ständiger Bedarf an Neugestaltung und Neuausrichtung, um flexibler und beweglicher zu arbeiten. Im Rahmen des MAGs geht der Manager auf die Unternehmensziele und Abteilungsziele ein, sodass gemeinsam Prioritäten erörtert werden, die sich daraus für die einzelnen Mitarbeiter ergeben. Auf diese Weise sollte eine gute Balance zwischen dem WAS und dem WIE (AAI) erreicht werden.

Evaluation

Boehringer Ingelheim ist bestrebt, seinen Mitarbeitern ein vollständiges Feedback darüber zu geben, wo sie stehen, welche Auswirkungen ihre Arbeit auf das Team und die Ambition 2025 hat und welchen Beitrag sie zum Erfolg des Unternehmens leisten. In dem offenen und konstruktiven Meinungsaustausch, der das gegenseitige Vertrauen fördert, werden die Arbeit des vergangenen Jahres, die Zusammenarbeit im Team und die Verhaltensweisen (AAI) reflektiert:
- Feedback von anderen vor MAG einholen
- Abschließende Evaluierung während MAG
- Führungskraft trägt Verantwortung der finalen Evaluation

Tabelle 14 zeigt die wesentlichen Unterschiede zwischen dem Mitarbeitergespräch in alter und neuer Form.

Tabelle 14: Das Mitarbeitergespräch 2017 und 2018 im Vergleich

Von …	Zu …
Individuellen Zielen – S-M-A-R-T & detailliert	Zukunftsorientiertem Dialog über Aufgaben und Entwicklung (Priorisierung und Flexibilität)
Lead & Learn-Prinzipien	Rollenspezifisch AAI definieren
Was & Wie separat bewertet	Was & Wie kombiniert bewertet
9-Box-Grid	3er-Skala

Zwischen Mitte November 2017 und Ende März 2018 sind über 10.000 Beschäftigte in Deutschland über verschiedene Veranstaltungsformen und -kanäle mit „Your Growth. Our Growth" vertraut gemacht worden. Vom E-Learning über Online- und Präsenzveranstaltungen bis hin zu neuen Webseiten konnten sich die Beschäftigten mit dem neuen Konzept auseinandersetzen. An den Präsenzveranstaltungen waren auch die *Arbeitnehmervertreter* aktiv beteiligt. Dieses Signal, dass das neue Konzept von Unternehmen und Arbeitnehmervertretern voll unterstützt wird, gab starken Rückenwind.

Die Resonanz in den Veranstaltungen oder auch in persönlichen Dialogen war weitgehend positiv. Die Fokussierung und Vereinfachung wurde anerkannt und begrüßt. Manches wurde erst im konkreten Mitarbeitergespräch und in der neuen Form der Team Development Discussion (TDD) erlebbar. Zugleich zeigte sich auch ein höherer Anspruch an Führung, Arbeit und Zusammenarbeit. Ergänzend wurden daher für die Führungskräfte im Mai 2018 – d.h. nach den geführten Mitarbeitergesprächen – vertiefende Angebote zu People Growth ins Leben gerufen. In den Veranstaltungen wurde den Führungskräften die Möglichkeit gegeben, sich über ihre konkreten Erfahrungen auszutauschen und ihre Fähigkeiten weiterzuentwickeln.

5.1.7 Your Growth. Our Growth: Die neue Ära des Talent Managements

Man kann „Your Growth. Our Growth" – oder auch einfach People Growth – als neue Ära des Talent Managements bei Boehringer Ingelheim betrachten, auch wenn der Begriff Talent Management intern bewusst nicht mehr verwendet wird. Was hat sich geändert und zu deutlich gestiegener *Akzeptanz* dieser Form des „Talent Management" gegenüber den vorherigen Konzepten geführt?

- Talent Management (TM) wurde als bürokratischer Prozess wahrgenommen. „Your Growth. Our Growth" schafft ein Umfeld, in dem Mitarbeiter sich und ihre Talente weiterentwickeln können.
- TM ist in komplexe, administrative HR-Prozesse eingebunden. Die neuen HR-Elemente (und Prozesse) sind einfacher und agiler.
- Die Philosophie von „Our FOCUS" und „Your Growth. Our Growth" spiegelt die Situation des Unternehmens wider und lässt den Beschäftigten ihren Beitrag und die Rückwirkung auf das Unternehmen leichter erkennen.
- HR meets „Our FOCUS": Die neuen HR-Elemente unterstützen den Transformationsprozess.

Die Idee des Mitarbeitergesprächs beruht weiterhin auf der Überzeugung, dass die Aufgaben des Unternehmens nur partnerschaftlich und mit beidseitiger *Wertschätzung* im Dialog zu lösen sind. Das MAG ist stabiler Bestandteil der Art der Zusammenarbeit bei Boehringer Ingelheim und der Motor von „People Growth". Inhalt und Form des MAGs sollen sich den agilen Zeiten anpassen.

Im Rahmen kommender Mitarbeiterbefragungen erwartet das Unternehmen weitere Datenpunkte, wie das neue Konzept verstanden, akzeptiert und gelebt wird, um darauf aufbauend Nachjustierungen vorzunehmen.

5.2 Beispieldialog: Mitarbeitergespräch zwischen Führungskraft und Mitarbeiter ohne Führungsverantwortung

Dieses Fallbeispiel beinhaltet die Ablaufschilderung eines fiktiven, aber mit realem Erfahrungshintergrund versehenen Mitarbeitergesprächs einer Führungskraft mit einem Mitarbeiter, der selbst *keine* Führungsverantwortung trägt.

Der Dialog stellt prototypische Gesprächssequenzen und -phasen dar und bildet damit ein Mitarbeitergespräch exemplarisch ab. Neben den Gesprächsanteilen der beiden Beteiligten finden sich grün hinterlegte Kommentare, in denen weiterführende Hinweise gegeben werden.

Generelle Überlegungen zur Gesprächsvorbereitung sind in der „Du"-Form gehalten, damit sich der Leser entsprechend angesprochen und aktiviert fühlt. Darüber hinaus soll dem Leser eine Liste zur entsprechenden mentalen Programmierung für ein reales MAG zur Verfügung gestellt werden.

Generelle Überlegungen zur Gesprächsvorbereitung	
Führungskraft	**Mitarbeiter** (*ohne* Führungsverantwortung)
• Du hast vorher differenziertes Feedback von relevanten Führungskräften, Kollegen und Mitarbeitern über den Mitarbeiter eingeholt.	
• Du weißt, welche Themen du ansprechen und vereinbaren willst.	• Du weißt, welche Themen du ansprechen möchtest.
• Du weißt, was du, dein Team und die Organisation in der Zukunft benötigen.	• Du hast Überlegungen darüber angestellt, was du dir für deine berufliche Zukunft vorstellst.
• Du gehst in das Gespräch mit einer konstruktiven Haltung und bist um eine positive Grundstimmung bemüht.	• Du gehst in das Gespräch mit einer konstruktiven Haltung und bist um eine positive Grundstimmung bemüht.
• Du bist vorbereitet, dem Mitarbeiter relevantes Feedback (positives wie auch negatives) zu geben.	
• Du bist offen, konstruktives (oder weniger konstruktives) Feedback zu erhalten und aufzunehmen.	• Du bist offen, konstruktives Feedback zu geben und zu erhalten.
• Du kennst die Dokumentation des vorigen MAGs und hast einen klaren Blick bzgl. erreichter Fortschritte und offener Punkte.	• Du kennst die Dokumentation des vorigen MAGs und hast einen klaren Blick bzgl. der Fortschritte und der offenen Punkte – sowohl auf Arbeitsaufgaben wie auch auf die Zusammenarbeit bezogen.
• Du bist über Arbeit und Zusammenarbeit des Mitarbeiters gut orientiert, auch über ggf. relevante persönliche Belange. [Beispiel: Persönliche Lebensumstände (familiäre Situation und ggf. auch Schicksalsschläge), die den Mitarbeiter betreffen.]	
• Du hast ein ungestörtes Setting für das MAG arrangiert.	

**Prototypische Gesprächssequenzen und -phasen:
Mitarbeiter *ohne* Führungsverantwortung**

FK: Guten Morgen, willkommen zu unserem Mitarbeitergespräch. Im heutigen Mitarbeitergespräch geht es darum, drei zentrale Themen mit Ihnen zu besprechen: Eine Rückschau auf das vergangene Jahr, die Planung für das aktuelle Jahr und Ihre Entwicklung.

> Einstieg ins Gespräch mit Überblick über Ziel, Ablauf und Zeitrahmen.

FK: Ich habe dafür rund 90 Minuten eingeplant. Wenn wir feststellen, dass wir mehr Zeit benötigen, vereinbaren wir einen weiteren Termin. Ich freue mich auf den Austausch mit Ihnen anhand der Systematik des MAGs.

> Zeitrahmen setzen, aber Offenheit für ein Folgegespräch signalisieren.

FK: Gibt es aus Ihrer Sicht etwas Besonderes, was ich zu Beginn des Gesprächs wissen sollte und zu dem wir uns vorab austauschen sollten?

> Klärung, ob beim Mitarbeiter besondere Ereignisse (Störungen haben Vorrang!) das Gespräch möglicherweise beeinflussen.

MA: Nein – aus meiner Sicht liegt nichts an.

FK: Ich schlage vor, dass Sie mit der Rückschau beginnen. Legen Sie einfach los, mir ist es wichtig, Ihre Perspektive zu verstehen. Ich höre zu und hake nur dann ein, wenn ich etwas nicht hinreichend verstehe.

> *FK*: Mitarbeiterperspektive zuerst, dabei aufmerksames Zuhören der Führungskraft. Notizen machen, wo nötig. Rückfragen, wo sinnvoll.
> *MA*: Als Mitarbeiter kann ich das als Einladung positiv verstehen, ggf. aber auch als Druck erzeugend. (Was möchte die Führungskraft von mir hören?)

MA: Tja, das letzte Jahr ist ja ganz gut verlaufen. Ich war ja neu im Team und dafür ist es wirklich gut gewesen. Ich musste mich in vieles einarbeiten und in einem neuen Team ankommen. Sie wissen ja, die Umsatzziele haben wir erreicht. Da bin ich auch stolz drauf.

> *FK*: „Aufmerksames Zuhören" der Führungskraft. Notizen machen, wo nötig. Rückfragen, wo sinnvoll. *MA*: Konkretisierung, warum es gut gelaufen ist.

FK: Das können Sie auch sein.

MA: Aber diese Zertifizierung der Kunden und Lieferanten, na ja. Aber in der Summe war es ein gutes Jahr für mich.

> *FK*: Hier bietet sich ein Nachfragen an: „Was bedeutet ‚na ja'? Da interessiert mich Ihre Einschätzung!"

FK: Das bestätigen in der Summe auch andere. Aber sagen Sie: Was hat es mit der Zertifizierung auf sich?

(Es entsteht eine Gesprächspause.)

> *FK:* Pausen aushalten, nicht sofort mit der nächsten Frage anschließen.

MA: Nun, dieses ständige Füllen von Checklisten, die sich auch noch häufig ändern, das fordert mich.

FK: Aber Ihr Vorgänger hat Sie doch eingewiesen?!

> *FK:* Kann als Vorwurf empfunden werden: Wirkung intendiert? *MA:* Bringt Mitarbeiter unter Druck.

MA: Ja, schon. Nur ... so richtig eingewiesen kann man das nicht nennen.

> Mitarbeiter traut sich, dies anzusprechen.

FK: Was würde Ihnen hier denn helfen, um mehr Kompetenz und Vertrauen aufzubauen?

> Mitarbeiter selbst die Lösung entwickeln lassen, fördert Selbstverantwortung.

MA: Es wäre gut, wenn Sie mir das nochmal erklären könnten.

FK: Interessant, warum ich? Und nicht Ihre Kollegen?

> Spricht das Thema an, um Erwartungen an sich als Führungskraft zu klären und möglichen Konflikten auf den Grund zu gehen.

MA: Sie können das sicher am besten ... und die Kollegen waren da nicht so hilfreich.

FK: Aha, und was bedeutet „nicht so hilfreich"?

> *MA*: Mitarbeiter muss sich jetzt entscheiden, wie klar und mutig er sein möchte.

MA: Die sagen immer „Die Schulung hattest du ja, da musst du jetzt durch".

FK: Nun, ich notiere mir den Punkt mal, auch für Ihren Qualifizierungs- und Entwicklungsplan.

> Führungskraft notiert sich das Thema, bezieht allerdings keine klare Position.

FK: Sie haben ja gerade die Erwartung gehabt, dass ich Ihnen die Sache mit der Zertifizierung nochmal erkläre. Was benötigen Sie außerdem noch von mir?

> *FK*: Führungskraft erfragt den „Führungsbedarf". *MA*: Mitarbeiter kann und muss jetzt entscheiden, was er an Erwartungen formulieren möchte.

MA: Danke, das war es eigentlich.

FK: Aha! Sind Sie sicher? Mir ist wichtig, dass wir bei unserem Gespräch nichts außen vorlassen. Wie erleben Sie denn die Zusammenarbeit mit mir generell – oder auch mit den Kollegen?

> Doppelfrage: Der Mitarbeiter kann sich jetzt aussuchen, worauf er eingeht, ist aber möglicherweise auch mit der Doppelfrage überfordert.

MA: Zu den Kollegen habe ich ja schon was gesagt und bei Ihnen … ich würde mir halt wünschen, dass Sie öfter vor Ort bei uns im Team vorbeischauen.

> Mitarbeiter traut sich, eine klare Erwartung zu äußern.

FK: Oh, da bin ich überrascht. Ich hatte gar nicht erwartet, dass man mich dort häufiger sehen will. Wie häufig hielten Sie es denn für angemessen; wir haben doch wöchentliche Teammeetings?

> Selbstoffenbarung des Vorgesetzten. Hier scheint er einen blinden Fleck gehabt zu haben.

MA: Aber Sie sind nicht vor Ort. Also so zweimal die Woche wäre gut, so als Anfang.

FK: Dann will ich das gern angehen, würde es aber zunächst mit einem Besuch pro Woche antesten wollen.

MA: Okay, finde ich gut – freut mich, dass Sie das aufgreifen.

FK: Zwei bis drei wichtige Punkte für die Rückschau haben wir damit ja schon besprochen. Gibt es da aus Ihrer Sicht noch etwas zu ergänzen?

> Führungskraft stellt offene Frage, um nicht vorschnell das Thema zu schließen und den MA nochmal zur Öffnung zu bewegen.

MA: Nein, aus meiner Sicht nicht.

FK: Dann habe ich noch einen Punkt: Es gab in letzter Zeit bei Ihnen häufig kurzfristig genommene, einzelne Urlaubstage. Das macht uns bei der knappen Personaldecke eine Vertretung sehr schwer. So geht das aber nicht, auch wenn die Umsatzziele erreicht wurden.

> Die Ärgerlichkeit des Vorgesetzten wird spürbar. Er fragt nicht nach Ursachen, sondern gleitet ins appellhafte Ermahnen (So geht das nicht, auch ...).

MA: Also, ich hatte Ihnen doch mal angedeutet, dass meine Mutter dement ist ...

> Mitarbeiter spürt den Vorwurf, wird aber nicht eingeladen, dazu Stellung zu nehmen, fühlt sich ggf. abgewertet.

FK: Oh, das war mir nicht mehr präsent. Wie ist denn die Situation bei Ihnen? Haben Sie denn Unterstützung? Kann ich etwas tun?

> Ausflucht, Desinteresse oder schlechtes Gedächtnis des Vorgesetzten? Aber auch: deutliche Hilfsangebote.

MA: Es fällt mir recht schwer, darüber zu reden. Jedenfalls habe ich ab Januar einen Heimplatz für meine Mutter.

FK: Ich merke, das nimmt Sie mit – kein Wunder. Danke für Ihre Offenheit, jetzt verstehe ich die Situation besser. Gut, dass wir das klären konnten.

> Ansprechen von Emotionen.

FK: Lassen Sie uns jetzt über das kommende Arbeitsjahr sprechen. Wo würden Sie denn Ihre Schwerpunkte in Ihrem Aufgabengebiet sehen?

> Einbezug des Mitarbeiters von Beginn an.

MA: Gut, dass Sie mich das fragen. Also im Kundensegment C könnten wir noch mehr bewirken. Hier würde ich gerne intensiver die Kunden bearbeiten.

> *FK*: Ausgangspunkt sind die Erwartungen an die Stelle/die Funktion des Mitarbeiters. Stellenbeschreibungen sind hier ggf. wichtig anzusehen und auf Aktualität im Vorfeld zu prüfen.

FK: Und Sie meinen, das lohnt sich wirklich für uns?

MA: Ich habe da mal ein paar Berechnungen angestellt, die könnte ich mit Ihnen teilen, wenn es Sie interessiert.

> *FK*: Bei Vereinbarungen/Zielvereinbarungen berücksichtigen, wo der Mitarbeiter in seiner Entwicklung steht und was er braucht, um erfolgreich zu sein und sich weiterzuentwickeln. Zielvereinbarungen sollten aus beider Sicht SMART sein.

FK: Nun, ich hatte mehr an unser Schlüsselkundensegment A gedacht, aber Ihre Idee scheint fundiert zu sein. Lassen Sie mich mal näher sehen, was Sie sich überlegt haben.

MA: Die Schlüsselkunden darf ich natürlich nicht vernachlässigen. Aber hier sind meine Überlegungen: Wenn ich nur eine halbe Stunde pro Tag investiere, könnte ich im Segment C einen Zuwachs von 50 % erzielen. Wir sind da gegenüber der Konkurrenz meines Erachtens nicht genügend präsent bei den Kunden. Lassen Sie es mich versuchen.

FK: Okay, Sie haben mich überzeugt. Allerdings sehen wir uns nach dem 1. Quartal zusammen die Zahlen an, ob Sie wirklich einen Effekt erzielen konnten. Welche Kennziffern schlagen Sie vor?

> Zustimmung zeigt Interesse. Offene Frage zeigt Respekt vor der Initiative des Mitarbeiters.

MA: Ich mache Ihnen im Laufe der Woche einen Vorschlag.

> *FK*: Als Mitarbeiter muss man hier nicht spontan jede Frage beantworten. Eine konkrete Antwort recht kurzfristig zu liefern, ist absolut angemessen.

FK: Vorhin haben wir ja bereits über eine Art der Qualifizierung gesprochen.

> Qualifizierung für die aktuelle Position und mögliche Weiterentwicklungen andenken. Auch Fluktuationsrisiken im Auge behalten.

MA: Ja, Sie wollten mich unterstützen, meine Kenntnisse zur Zertifizierung auszubauen.

FK: Richtig, allerdings möchte ich, dass Sie zuerst das E-Learning aus unserem Intranet absolvieren. Bitte sammeln Sie doch die Punkte, die Ihnen danach noch unklar sind. Diese bespreche ich dann gerne mit Ihnen in einem separaten Termin.

> Eigeninitiative des Lernenden fördern.

MA: Mmh, ja, das machen wir so.

FK: Was ich Sie schon länger fragen wollte: Können Sie sich eigentlich vorstellen, einmal Mitarbeiter zu führen oder eine andere Aufgabe zu übernehmen?

> Achtung: Doppelfrage. Baut beim Mitarbeiter ggf. Druck auf, auch durch die Formulierung „schon länger". Will man ihn wegloben?

MA: Puh ... *(Schweigen)* ... Da habe ich bisher nicht drüber nachgedacht. Eigentlich gefällt mir mein Job ... *(längeres Schweigen)*. Eine andere Aufgabe ... Wenn mich das auch finanziell weiterbringt, vielleicht – aber Mitarbeiterführung überlasse ich lieber anderen.

> *FK:* Wichtig: Pausen aushalten; ggf. Aktives Zuhören.

FK: Und was macht Sie in dem Punkt so skeptisch?

MA: Führung kann man doch nicht lernen, finde ich.

FK: Sehen Sie das wirklich so? Ich bin da anderer Auffassung. Ich meine, Führen kann man sehr wohl lernen und natürlich muss es geübt werden. Schließlich haben wir schon länger ein Entwicklungsprogramm für erstmalige Führungskräfte.

> Geht sachlich auf die Sorge des Mitarbeiters ein und begründet seine abweichende Auffassung.

MA: Davon wusste ich nichts. Vielleicht sehe ich mir die Beschreibung mal an und wir sprechen im nächsten Regeltermin dazu.

FK: Ein Anfang wäre also gemacht. Lassen Sie uns dazu im Dialog bleiben. Das ist übrigens ein gutes Stichwort: Ich bin ein Fan von regelmäßigen Zwischengesprächen. Welche Häufigkeit fänden Sie denn angemessen?

> Vereinbarung zum nächsten Zwischengespräch. Kontinuierlich im Dialog bleiben. Ggf. Ermunterung des Mitarbeiters, auch seinerseits das Gespräch häufiger zu suchen.

MA: So alle 3 Monate?

FK: Beginnen wir so, das wäre also im März zum ersten Mal.

MA: Passt.

FK: Damit wären wir aus meiner Sicht am Ende des MAGs angekommen. Gibt es noch Punkte, die Sie gerne ansprechen möchten, die bisher nicht oder nicht ausführlich genug zur Sprache gekommen sind?

> MA: Hier besteht für den Mitarbeiter die Möglichkeit, Punkte anzusprechen, die der FK bisher im Gespräch entgangen sind.

MA: (Überlegt) Nein, ich bin mit dem Gespräch ganz zufrieden und werde wie üblich eine Zusammenfassung machen. Wenn mir dabei noch etwas einfällt, spreche ich Sie an.

> FK: Zusammenfassung durch den Mitarbeiter stellt sicher, dass sein Verständnis dokumentiert ist und ermöglicht bei Missverständnissen, diese schnell zu erkennen und auszuräumen.

FK: Dann danke ich Ihnen für den guten Dialog!

MA: Danke Ihnen, ich fand gut, dass Sie mich nach meinen Vorstellungen zu den Schwerpunkten für das kommende Jahr gefragt haben.

> Auch Vorgesetzten tut positives Feedback gut.

FK: (Lacht) Das freut mich!

5.3 Beispieldialog: Mitarbeitergespräch zwischen Führungskraft und Mitarbeiter mit Führungsverantwortung

Dieses Fallbeispiel beinhaltet die Ablaufschilderung eines fiktiven, aber mit realem Erfahrungshintergrund versehenen Mitarbeitergesprächs einer Führungskraft mit einem Mitarbeiter, der *ebenfalls* Führungsverantwortung trägt.

Der Dialog stellt prototypische Gesprächssequenzen und -phasen dar und bildet damit ein Mitarbeitergespräch exemplarisch ab. Neben den Gesprächsanteilen der beiden Beteiligten finden sich grün hinterlegte Kommentare, in denen weiterführende Hinweise gegeben werden.

Generelle Überlegungen zur Gesprächsvorbereitung sind in der „Du"-Form gehalten, damit sich der Leser entsprechend angesprochen und aktiviert fühlt. Darüber hinaus soll dem Leser eine Liste zur entsprechenden mentalen Programmierung für ein reales MAG zur Verfügung gestellt werden.

Generelle Überlegungen zur Gesprächsvorbereitung	
Führungskraft	**Mitarbeiter** (*mit* **Führungsverantwortung**)
• Du hast vorher differenziertes Feedback von relevanten Führungskräften, Kollegen und Mitarbeitern über den Mitarbeiter eingeholt.	
• Du weißt, welche Themen du ansprechen und vereinbaren willst.	• Du weißt, welche Themen du ansprechen möchtest.
• Du weißt, was du, dein Team und die Organisation in der Zukunft benötigen.	• Du hast Überlegungen darüber angestellt, was du dir für deine berufliche Zukunft vorstellst.
• Du gehst in das Gespräch mit einer konstruktiven Haltung und bist um eine positive Grundstimmung bemüht.	• Du gehst in das Gespräch mit einer konstruktiven Haltung und bist um eine positive Grundstimmung bemüht.
• Du bist vorbereitet, dem Mitarbeiter relevantes Feedback (positives wie auch negatives) zu geben.	
• Du bist offen, konstruktives (oder weniger konstruktives) Feedback zu erhalten und aufzunehmen.	• Du bist offen, konstruktives Feedback zu geben und zu erhalten.
• Du kennst die Dokumentation des vorigen MAGs und hast einen klaren Blick bzgl. erreichter Fortschritte und offener Punkte.	• Du kennst die Dokumentation des vorigen MAGs und hast einen klaren Blick bzgl. der Fortschritte und der offenen Punkte – sowohl auf Arbeitsaufgaben wie auch auf die Zusammenarbeit bezogen.
• Du bist über Arbeit und Zusammenarbeit des Mitarbeiters gut orientiert, auch über ggf. relevante persönliche Belange. [Beispiel: Persönliche Lebensumstände (familiäre Situation und ggf. auch Schicksalsschläge), die den Mitarbeiter betreffen.]	

- Du hast ein ungestörtes Setting für das MAG arrangiert.
- Du hast die Ergebnisse der MAGs – soweit bereits geführt – mit deinen Mitarbeitern präsent. [Der Input aus dem Mitarbeitergespräch ist wichtig auch für die weiteren Gespräche als Führungskraft.]
- Du hast eine Vorstellung, wohin du dich mit deinem Verantwortungsbereich entwickeln willst. [Gestaltungswille und -freiheit als wichtige Parameter für das MAG.]

Prototypische Gesprächssequenzen und -phasen: Mitarbeiter *mit* Führungsverantwortung

FK: Guten Morgen, willkommen zu unserem Mitarbeitergespräch. Im heutigen Mitarbeitergespräch geht es darum, drei zentrale Themen mit Ihnen zu besprechen: eine Rückschau auf das vergangene Jahr, die Planung für das aktuelle Jahr und Ihre Entwicklung.

> Einstieg ins Gespräch mit Überblick über Ziel, Ablauf und Zeitrahmen.

FK: Ich habe dafür rund 90 Minuten eingeplant. Wenn wir feststellen, dass wir mehr Zeit benötigen, vereinbaren wir einen weiteren Termin. Ich freue mich auf den Austausch mit Ihnen anhand der Systematik des MAGs.

> Zeitrahmen setzen, aber Offenheit für ein Folgegespräch signalisieren.

FK: Gibt es aus Ihrer Sicht etwas Besonderes, was ich zu Beginn des Gesprächs wissen sollte und zu dem wir uns vorab austauschen sollten?

> Setzt voraus, dass es einen gemeinsamen Erfahrungshintergrund gibt. Klärung, ob beim Mitarbeiter besondere Ereignisse (Störungen haben Vorrang!) das Gespräch möglicherweise beeinflussen.

MA: Nein – aus meiner Sicht liegt nichts an.

FK: Ich schlage vor, dass Sie mit der Rückschau beginnen. Legen Sie einfach los, mir ist es wichtig, Ihre Perspektive zu verstehen. Ich höre zu und hake nur dann ein, wenn ich etwas nicht hinreichend verstehe.

> *FK*: Mitarbeiterperspektive zuerst, dabei aufmerksames Zuhören der Führungskraft. Notizen, wo hilfreich, Rückfragen, wo nötig. *MA*: Als Mitarbeiter kann ich das als Einladung positiv verstehen, ggf. aber auch als Druck erzeugend. (Was möchte die Führungskraft von mir hören?)

MA: Ich finde, meinen Verantwortungsbereich habe ich ganz schön vorangebracht, da bin ich auch stolz drauf. Wir haben das Audit gut überstanden und auch sonst stehen wir gut da.

FK: Finden Sie?

> Recht frontale Intervention, weniger eine Ermunterung zum Weitersprechen als eine Aufforderung zur Gegendarstellung.

MA: Doch, doch! Vergleichen Sie doch mal Ihre Teams. Ich sage nur Fluktuation.

FK: Schon gut. Lassen Sie uns doch mal in die konkreten Ziele schauen. Das Audit war ja da erwähnt. Aber wie schaut es mit der Prozessverschlankung aus, ist Ihr Bereich da vorangekommen?

MA: Ja, schon …. Die Analyse haben wir durchgeführt und erste Schritte in die richtige Richtung unternommen.

> *FK*: Floskelhafte Beschreibungen erfordern Nachfragen.

FK: Na und was heißt das genau? Wie würden Sie Ihre Zielerreichung denn in Prozent bewerten?

MA: Zugegebenermaßen keine volle Punktzahl. Aber so 80 % würde ich mir geben.

FK: Wie lange meinen Sie denn noch zu brauchen, bis ich konkrete Maßnahmen zur Prozessverschlankung mit messbaren Kennziffern sehe?

> Erfolgsdefinition gemeinsam mit dem Mitarbeiter vornehmen.

MA: So 8 Wochen würde ich brauchen. Dann kann ich auch Effekte in Bezug auf Kosten, Qualität und Durchlaufzeiten vorlegen.

FK: Ich nehme Sie beim Wort. Also 80 % jetzt und in 8 Wochen können Sie mir erste Erfolge zeigen.

> Der Mitarbeiter wird hier stark in die Pflicht genommen – da er jedoch selbst Führungskraft ist, erscheint dies noch angemessen. Hier hätte der Vorgesetzte allerdings auch die Option gehabt, auf Nachverhandlungen zu verzichten, anstatt kompromissbereit zu sein. Dies hängt sehr stark von den Folgewirkungen einer nicht termingerechten Zielerreichung ab.

MA: Darauf können Sie sich verlassen.

FK: Wie sehen Sie denn Ihre Zusammenarbeit mit Ihrem Team? Sie haben ja eine recht diverse Truppe.

> Als Führungskraft haben Sie ggf. Informationen aus dem Team. Achten Sie darauf, wie Ihr Impuls aufgenommen wird.

MA: Nun ja, divers ist es wirklich. Ehrlich gesagt, habe ich mit unserem Millennial schon meine Mühe. Ständig fordert und fordert er. Er hat Potenzial, aber ich weiß nicht, wie ich ihn angemessen führen soll. Haben Sie von ihm etwas gehört?

FK: Ich habe, wie wir ja besprochen hatten, auch Feedback von Ihren Mitarbeitern eingeholt. Und ja, dieser Mitarbeiter hat mir berichtet, dass er merkt, dass Ihnen die Führung schwerer fällt. Der Rest Ihres Teams ist ja Ende 30 und darüber.

> *FK:* Ansprechen ist in Ordnung. „Quellenschutz" gilt im MAG nicht wirklich. Das widerspricht dem Prinzip der Transparenz. Allerdings sollte dem Feedbackgeber ebenfalls klar sein, in welcher Situation „Ross und Reiter" genannt werden. *MA:* Empfehlung: Feedbackgeber möglichst schon zu Jahresbeginn gemeinsam festlegen, das fördert Transparenz und Vertrauen – bei allen Beteiligten.

MA: Zumindest sehen ja beide Seiten mein Bemühen. Aber wie komme ich da weiter?

FK: Haben Sie schon mal an Reverse Mentoring gedacht?

> Reverse Mentoring als Baustein der Führungskräfteentwicklung bedeutet, eine jüngere und/oder hierarchisch niedrigere Person als Mentor zu haben.

MA: Also so ein Millennial wird mein Mentor? Hört sich komisch an.

FK: Das kann ich nachvollziehen. Ich stelle mal den Kontakt zu einer anderen Führungskraft her, die hat damit schon positive Erfahrungen gemacht und könnte davon berichten.

MA: Das ist sicher hilfreich. Dann kann ich mir ein Urteil bilden und komme dann wieder auf Ihr Angebot zurück.

FK: So halten wir es.

MA: Danke Ihnen, dass Sie mir diese Möglichkeit eröffnen. Ich werde auch noch mal das Gespräch mit meinem Mitarbeiter suchen, um seine Perspektive besser verstehen zu lernen.

FK: Wie kann ich denn als Ihre Führungskraft da irgendwie unterstützen?

MA: Mmmh. Da muss ich nochmal drüber nachdenken.

> *FK*: Bei dieser Formulierung genau hinhören und ggf. nochmals nachfragen: Mag der Mitarbeiter aus bestimmten Gründen nicht dazu Stellung nehmen oder benötigt er nur Zeit, um seine Anforderungen an die Führungskraft genau formulieren zu können?

FK: Lassen Sie uns jetzt über das kommende Jahr sprechen. Sie kennen ja unsere ambitionierten Unternehmensziele. Was wird denn der Beitrag Ihres Teams dazu sein?

> Ausgangspunkt sind die Erwartungen an die Stelle/die Funktion des Mitarbeiters. Bei einer Führungskraft liegt die Messlatte höher.

MA: Die sind wirklich ambitioniert. Da muss ich weiter Prozesse optimieren, vielleicht sogar Personal einsparen. Der letzte Punkt fiele mir schwer. Rechnen Sie damit, dass wir ein Sparprogramm verordnet bekommen?

> *MA*: Legitim, so klar zu fragen. *FK*: Entscheidend ist, ob die Führungskraft davon etwas weiß, und wenn ja, darüber sprechen darf.

FK: Mir ist dazu – Stand jetzt – nichts bekannt.

> Typischer „Organisationssprech"; ggf. ist dem Vorgesetzten bereits etwas bekannt, er hat jedoch noch nicht die Legitimation, die Information weiterzugeben.

MA: Ich würde mir als Ziel 10 % Einsparungen setzen, ob bei den Personal- oder Sachkosten, das überlassen Sie bitte mir.

FK: Na kommen Sie, 10 % gehen immer, seien Sie mal etwas ambitionierter. Sie wollen doch noch weiter Karriere machen!

> Durch die Äußerung mit Blick auf die weitere Karriereperspektive des Mitarbeiters wird massiv Druck aufgebaut.

MA: Also, das muss ich durchrechnen, zu was ich mich verpflichten kann. Dass es mehr als 10 % sein müssen, ist verstanden. Ich lasse mich aber nicht ungeprüft zu mehr überreden. Mittwoch haben Sie meinen Vorschlag.

> *MA*: Mitarbeiter kann und sollte sich gegen den Druckaufbau mittels „Überfahren" positionieren und ggf. wehren. *FK*: „Push back" durch den Mitarbeiter. Eigene Reaktion davon abhängig, wie sich die bisherigen Erfahrungen mit dem Mitarbeiter gestalten.

FK: Okay, ich kenn' Sie ja, Sie müssen das erst genau kalkulieren, aber dann liefern Sie ja auch. *(Lächelt)*

MA: Danke, wir verstehen uns. *(Schmunzelt)*

FK: Lassen Sie uns zu einem Thema kommen, das Sie natürlich interessiert: Ihre weitere Laufbahnentwicklung.

> Der Mitarbeiter ist ggf. gar nicht an einem weiteren hierarchischen Aufstieg interessiert. (Eigene Hypothesen prüfen!)

(Macht eine bedeutungsschwere Pause)

MA: Grundsätzlich interessiert es mich schon, wie es für mich weitergeht – wie ich mehr verdienen und verantworten kann, aber nicht um jeden Preis.

> *FK*: Qualifizierung für die aktuelle Position und mögliche Weiterentwicklungen andenken. Prüfen, ob eine klassische Karriere überhaupt attraktiv für den Mitarbeiter ist. Auch Fluktuationsrisiken im Auge behalten.

FK: Was bedeutet das genau für Sie?

MA: Sie wissen, unsere Zwillinge kommen nächstes Jahr in die Schule. Also ein Auslandseinsatz kommt für mich aktuell nicht so ohne Weiteres infrage.

> *FK*: Der Mitarbeiter positioniert sich recht klar.

FK: Danke für die Klarheit, dann muss ich mir für Sie wohl etwas überlegen. Ich komme im nächsten Zwischengespräch auf das Thema zurück.

> *MA*: Relativ vage, Führungskraft lässt den Mitarbeiter keine eigenen Ideen einbringen.

MA: Mmh, aber den Managementkurs, für den kann ich mich doch anmelden?

> *FK*: Der Mitarbeiter versucht, die vage Haltung zu nutzen.

(Vorgesetzter schweigt)

MA: Dann lassen Sie uns doch bitte auch über mein Gehalt sprechen.

> *FK*: Zu der Frage, ob im MAG über Geld geredet werden sollte, gibt es unterschiedliche Auffassungen; abhängig davon, wie in der jeweiligen Organisation das MAG positioniert ist.

HINWEIS: Die konkrete Gehaltsverhandlung wird im Rahmen dieses exemplarischen MAGs nicht thematisiert.

FK: Sagen Sie mal, bei all den Belastungen und der Arbeitsverdichtung, die wir heutzutage nun mal haben: Wie laden denn Sie Ihre Akkus wieder auf?

> *MA*: Ernsthaftes Interesse der Führungskraft im Sinne gesunder Führung.

MA: Die Frage überrascht mich jetzt. Ja wirklich, mir ist Yoga als eine ganz wirksame Methode ans Herz gewachsen. So fahre ich mich nach einem stressigen Tag herunter. Das sollten Sie auch mal probieren.

> Der Mitarbeiter kann sich je nach Art der Beziehung zur Führungskraft auch fragen: An welchem Empathie-Training hat denn mein Chef teilgenommen?

FK: Gut, dass Sie für sich einen Weg gefunden haben, ich bleibe lieber bei meinem Ausdauertraining.

FK: Wann sollen wir uns denn zum nächsten Zwischengespräch treffen? Ich meine, außerhalb der ad-hoc-Meetings?

> Vereinbarung zum nächsten Zwischengespräch. Kontinuierlich im Dialog bleiben. Ggf. Ermunterung des Mitarbeiters, auch seinerseits das Gespräch häufiger zu suchen.

MA: Alle 2 Monate den Blick mit etwas Abstand auf die Dinge zu nehmen, das könnte für mich passen.

FK: Das finde ich gut. Danke Ihnen für das Gespräch, Ihre Offenheit weiß ich zu schätzen.

> Im Nachgang zum Gespräch konkrete Termine einstellen.

MA: Ich danke Ihnen auch. Es lohnt sich doch jedes Mal. Auf das Thema Gehalt würde ich aber nochmal im nächsten Zweiergespräch zurückkommen.

6 Literaturempfehlungen

Fiege, R., Muck, P. M. & Schuler, H. (2014). Mitarbeitergespräche. In H. Schuler & U. P. Kanning (Hrsg.), *Lehrbuch der Personalpsychologie* (3. Aufl., S. 765–811). Göttingen: Hogrefe.

Hossiep, R., Fries, P. & Lang, A. (2019). Unter vier Augen: Klassisches Mitarbeitergespräch bleibt wichtiges Führungsinstrument. *Wirtschaftspsychologie aktuell, 4,* 13–16.

Neuberger, O. (2015). *Das Mitarbeitergespräch. Praktische Grundlagen für erfolgreiche Führungsarbeit* (6. Aufl.). Wiesbaden: Springer Gabler.

Wolter, S., Broszeit, S., Frodermann, C., Grunau, P. & Bellmann, L. (2016). *Mehr Zufriedenheit und Engagement in Betrieben mit guter Personalpolitik* (IAB-Kurzbericht 16/2016). Nürnberg: Institut für Arbeitsmarkt- und Berufsforschung (IAB) der Bundesagentur für Arbeit.

7 Literatur

Alberternst, C. (2003). *Evaluation von Mitarbeitergesprächen.* Hamburg: Kovač.

Alberternst, C. & Moser, K. (2003). *Effekte von Mitarbeitergesprächen auf die Beziehung zum Vorgesetzten und die Arbeitszufriedenheit.* Unveröffentlichtes Manuskript, Friedrich-Alexander-Universität Erlangen-Nürnberg.

Alberternst, C. & Moser, K. (2007). Vertrauen zum Vorgesetzten, organisationales Commitment und die Einstellung zum Mitarbeitergespräch. *Zeitschrift für Arbeits- und Organisationspsychologie,* 51, 116-127. http://doi.org/10.1026/0932-4089.51.3.116

Allen, H. (2008). Using routinely collected data to augment the management of health and productivity loss. *Journal of Occupational and Environmental Medicine,* 50 (6), 615-632. http://doi.org/10.1097/JOM.0b013e31817b610c

Alter, U. (2015). *Grundlagen der Kommunikation für Führungskräfte. Mitarbeitende informieren und Führungsgespräche erfolgreich durchführen.* Wiesbaden: Springer. http://doi.org/10.1007/978-3-658-09273-3

Alvero, A. M., Bucklin, B. R. & Austin, J. (2001). An objective review of the effectiveness and essential characteristics of performance feedback in organizational settings (1985-1998). *Journal of Organizational Behavior Management,* 21, 3-29. http://doi.org/10.1300/J075v21n01_02

Andrzejewski, L. & Refisch, H. (2015). *Trennungs-Kultur und Mitarbeiterbindung* (4. Aufl.). München: Luchterhand.

Antons, K., Ehrensperger, H. & Milesi, R. (2019). *Praxis der Gruppendynamik. Übungen und Modelle* (10. Aufl.). Göttingen: Hogrefe. http://doi.org/10.1026/02781-000

Aronsson, G. & Gustafsson, K. (2005). Sickness presenteeism: Prevalence, attendance-pressure factors, and an outline of a model for research. *Journal of Occupational and Environmental Medicine,* 47 (9), 958-966. http://doi.org/10.1097/01.jom.0000177219.75677.17

Asmuß, B. (2008). Performance appraisal interviews: Preference organization in assessment sequences. *Journal of Business Communication,* 45 (4), 408-429. http://doi.org/10.1177/0021943608319382

Asmuß, B. (2013). The emergence of symmetries and asymmetries in performance appraisal interviews: An interactional perspective. *Economic and Industrial Democracy,* 34 (3), 553-570. http://doi.org/10.1177/0143831X13489045

Balcazar, F., Hopkins, B. L. & Suarez, Y. (1985). A critical, objective review of performance feedback. *Journal of Organizational Behavior Management,* 7, 65-89. http://doi.org/10.1300/J075v07n03_05

Barthel, E. & Kessel, M. (2004). Das Beurteilungs- und Fördergespräch als Instrument der Personalentwicklung in der SEB AG. In H. Schuler (Hrsg.), *Beurteilung und Förderung beruflicher Leistung* (2. Aufl., S. 291-304). Göttingen: Hogrefe.

Bauer, J. (1996). *Das Mitarbeitergespräch als Instrument der Personalentwicklung - Eine Evaluationsstudie* (Diplomarbeit). Albert-Ludwigs-Universität Freiburg.

Bechinie, E. (1992). Kooperative Mitarbeitergespräche. Ein Erfahrungsbericht zur Einführung und Praxis in einem Dienstleistungsunternehmen. In R. Selbach & K.-K. Pullig (Hrsg.), *Handbuch Mitarbeiterbeurteilung* (S. 489-514). Wiesbaden: Gabler.

Berger, S. & Dietz, A. (2016). *Handlungsempfehlung: Vielfalt im Unternehmen/Diversity Management.* Köln: Institut der deutschen Wirtschaft Köln e. V./Kompetenzzentrum Fachkräftesicherung. Verfügbar unter: https://www.kofa.de/mitarbeiter-finden-und-binden/als-arbeitgeber-positionieren/diversity-management

Berndt, W. & Castresana, M. (2018). Vom Mitarbeitergespräch zu People Growth. In K. Schwuchow & J. Gutmann (Hrsg.), *HR-Trends 2019* (S. 350–360). Freiburg: Haufe.

Berthel, J. & Becker, F. G. (2017). *Personal-Management. Grundzüge für Konzeptionen betrieblicher Personalarbeit* (11. Aufl.). Stuttgart: Schäffer-Poeschel. http://doi.org/10.34156/9783791037387

Bittner, J. E. (2005). *Das Führungsinstrument Mitarbeitergespräch: Eine Studie bei den 500 größten Unternehmen Deutschlands* (unveröffentlichte Diplomarbeit). Ruhr-Universität Bochum.

Blessin, B. & Wick, A. (2017). *Führen und führen lassen* (8. Aufl.). Konstanz: UVK/Lucius.

Blickle, G. (2011). Leistungsbeurteilung. In F. Nerdinger, G. Blickle & N. Schaper (Hrsg.), *Arbeits- und Organisationspsychologie* (2. Aufl., S. 253–271). Berlin: Springer.

Boden, M. (2013). *Mitarbeitergespräche führen: situativ, typgerecht und lösungsorientiert*. Wiesbaden: Springer Gabler. http://doi.org/10.1007/978-3-658-02363-8

Borg, I. (2003). Affektiver Halo in Mitarbeiterbefragungen. *Zeitschrift für Arbeits- und Organisationspsychologie, 47*, 1–11. http://doi.org/10.1026//0932-4089.47.1.1

Braig, W. & Wille, R. (2012). *Mitarbeitergespräche. Gesprächsführung aus der Praxis für die Praxis* (7. Aufl.). Zürich: Orell Füssli.

Breisig, T. (2005). *Personalbeurteilung. Mitarbeitergespräche und Zielvereinbarungen regeln und gestalten* (3. Aufl.). Frankfurt am Main: Bund-Verlag.

Brenner, D. (2014). *Beurteilungsgespräche souverän führen*. Wiesbaden: Springer Gabler.

Buckingham, M. & Goodall, A. (2015). *Reinventing Performance Management*. Verfügbar unter: https://hbr.org/2015/04/reinventing-performance-management

Bundesanstalt für Arbeitsschutz und Arbeitsmedizin (2009). Präsentismus: Arbeiten mit Erkrankung. *baua: Aktuell, 2*, 5–7.

Bundesministerium für Arbeit und Soziales (BMAS). (2014). *Arbeitsqualität und wirtschaftlicher Erfolg: Längsschnittstudie in deutschen Betrieben. Erster Zwischenbericht im Projekt* (Forschungsbericht 442). Berlin: BMAS.

Bundesministerium für Arbeit und Soziales (BMAS). (2016). *Personalentwicklung und Weiterbildung* (Forschungsbericht 469). Berlin: BMAS.

Bundesministerium für Arbeit und Soziales (BMAS). (2018a). *Schritt für Schritt zurück in den Job. Betriebliche Eingliederung nach längerer Krankheit – was Sie wissen müssen*. Berlin: BMAS.

Bundesministerium für Arbeit und Soziales (BMAS). (2018b). *Bericht zum Forschungsmonitor „Variable Vergütungssysteme". Forschungsbericht 507*. Berlin: BMAS.

Bundesverwaltungsamt (2004). *Praxistipps: Mitarbeitergespräche führen* (Info 1822). Köln: BVA.

Cocker, F., Martin, A., Scott, J., Venn, A. & Sandersonn, K. (2013). Psychological distress, related work attendance, and productivity loss in small-to-medium enterprise owner/managers. *International Journal of Environmental Research & Public Health, 10*, 5062–5082. http://doi.org/10.3390/ijerph10105062

Cohn, R. C. (2018). *Von der Psychoanalyse zur themenzentrierten Interaktion. Von der Behandlung einzelner zu einer Pädagogik für alle* (19. Aufl.). Stuttgart: Klett-Cotta.

Collatz, A. & Gudat, K. (2011). *Work-Life-Balance*. Göttingen: Hogrefe.

Cummings, L. L. & Bromiley, P. (1996). The Organizational Trust Inventory (OTI): Development and Validation. In R. M. Krammer & T. Tyler (Eds.), *Trust in Organizations* (pp. 68–89). Newbury Park: Sage.

Doppler, K. & Lauterburg, C. (2014). *Change Management. Den Unternehmenswandel gestalten* (13. Aufl.). Frankfurt am Main: Campus.

Eyer, E. & Haussmann, T. (2018). *Zielvereinbarung und variable Vergütung. Ein praktischer Leitfaden – nicht nur für Führungskräfte* (7. Aufl.). Wiesbaden: Springer Gabler. http://doi.org/10.1007/978-3-658-19277-8

Fauser, J. (2005). *Arbeitsheft Mitarbeitergespräche*. Offenbach: Gabal.

Fechtner, H. & Taubert, R. (1995). Das Mitarbeitergespräch. Erster Schritt zu einem dialogischen Management. *Personalführung, 3*, 224–231.

Felfe, J. & Franke, F. (2014). *Führungskräftetrainings*. Göttingen: Hogrefe.

Fiege, R., Muck, P. M. & Schuler, H. (2014). Mitarbeitergespräche. In H. Schuler & U. P. Kanning (Hrsg.), *Lehrbuch der Personalpsychologie* (3. Aufl., S. 765–811). Göttingen: Hogrefe.

Fisher, R., Ury, W. & Patton, B. (2018). *Das Harvard-Konzept*. München: DVA.

George, J. & Jones, G. (1998). The experience and evolution of trust: Implications for cooperation and teamwork. *Academy of Management Review, 23*, 531–546. http://doi.org/10.5465/amr.1998.926625

Gestmann, M. (2004). Mitarbeitergespräch über vier Etappen. *Personalmagazin, 2*, 56–58.

Goldsmith, M. (2007). *Feed Forward*. Verfügbar unter: www.marshallgoldsmith.com/articles/1438/

Gordon, T. (2005). *Managerkonferenz. Effektives Führungstraining* (19. Aufl.). München: Heyne.

Gutschelhofer, A. M. (2004). Mitarbeitergespräch. In E. Gaugler, W. A. Oechsler & W. Weber (Hrsg.), *Handwörterbuch des Personalwesens* (3. Aufl., S. 1222–1231). Stuttgart: Schäffer-Poeschel.

Hakelmacher, S. (1996). *Vom Teen-Ager zum Man-Ager. Über den Wolken der Spitzenleistungen* (2. Aufl.). Wiesbaden: Gabler. http://doi.org/10.1007/978-3-322-96564-6

Helwig, P. (1965). *Charakterologie* (3. Aufl.). Stuttgart: Klett.

Hernstein Institut für Management und Leadership (2016). *Hernstein Management Report: Mitarbeitergespräche als Instrument der Personalentwicklung*. Wien: Hernstein.

Hinrichs, S. (2009). *Mitarbeitergespräch und Zielvereinbarung. Analyse und Handlungsempfehlungen*. Frankfurt am Main: Bund-Verlag.

Hofstede, G., Hofstede, G. J. & Minkov, M. (2010). *Cultures and Organizations. Software of the Mind* (3rd ed.). New York: McGraw-Hill.

Hölzl, F. & Raslan, N. (2013). *Schwierige Personalgespräche* (2. Aufl.). Freiburg: Haufe.

Hölzle, C. (2010). Das Mitarbeitergespräch – ein zentrales Instrument der Leitung und Personalentwicklung. *Unsere Jugend – Die Zeitschrift für Studium und Praxis der Sozialpädagogik, 62* (11), 12–22. http://doi.org/10.2378/uj2010.art02d

Hossiep, R. & Bittner, J. E. (2006). Reden wir drüber … – Der stille Erfolg des Mitarbeitergesprächs in deutschen Unternehmen. *Wirtschaftspsychologie aktuell, 2-3*, 41–44.

Hossiep, R., Bittner, J. E. & Berndt, W. (2008). *Mitarbeitergespräche: motivierend, wirksam, nachhaltig*. Göttingen: Hogrefe.

Hossiep, R. & Mühlhaus, O. (2015). *Personalauswahl und -entwicklung mit Persönlichkeitstests* (2. Aufl.). Göttingen: Hogrefe.

Hossiep, R., Paschen, M. & Mühlhaus, O. (2000). *Persönlichkeitstests im Personalmanagement. Grundlagen, Instrumente und Anwendungen*. Göttingen: Verlag für Angewandte Psychologie.

Hossiep, R. & Weiß, S. (2017). Testverfahren II: Persönlichkeit und personenbezogene Attribute. In D. E. Krause (Hrsg.), *Personalauswahl* (S. 159–180). Wiesbaden: Springer.

Hossiep, R., Fries, P. & Lang, A. (2019). Unter vier Augen: Klassisches Mitarbeitergespräch bleibt wichtiges Führungsinstrument. *Wirtschaftspsychologie aktuell, 4*, 13–16.

Huber, D. & Juen, F. (2013). Burn-out: Frage nach einer spezifischen Therapie. *Psychotherapeut, 2*, 125–135. http://doi.org/10.1007/s00278-013-0964-x

Hug, B. (2013). Menschenbilder. In T. Steiger & E. Lippmann (Hrsg.), *Handbuch Angewandte Psychologie für Führungskräfte. Führungskompetenz und Führungswissen* (4. Aufl., Bd. 1, S. 3–16). Berlin: Springer.

Industrie- und Handelskammern in Bayern (2017). *Mit Vielfalt Fachkräfte finden und binden. Ein Leitfaden für Diversity Management in bayerischen Unternehmen*. Verfügbar unter: https://www.bihk.de/bihk/downloads/bihk/broschu-re-diversity.pdf

Jaeger, C., Marks, T., Peck, A. & Sandrock, S. (2015). Handlungsfeld „Gesundheit aktiv gestalten". In Institut für angewandte Arbeitswissenschaft e.V. (ifaa) (Hrsg.), *Leistungsfähigkeit im Betrieb: Kompendium für den Betriebspraktiker zur Bewältigung des demografischen Wandels* (S. 389–433). Berlin: Springer.

Jetter, W. (2004). *Performance Management. Strategien umsetzen – Ziele realisieren – Mitarbeiter fördern* (2. Aufl.). Stuttgart: Schäffer-Poeschel.

Jiranek, H. & Edmüller, A. (2017). *Konfliktmanagement. Konflikten vorbeugen, sie erkennen und lösen* (5. Aufl.). Freiburg: Haufe.

Johns, G. (2010). Presenteeism in the workplace: A review and research agenda. *Journal of Organizational Behavior, 31* (4), 519–542. http://doi.org/10.1002/job.630

Jonas, K., Stroebe, W. & Hewstone, M. (Hrsg.). (2014). *Sozialpsychologie* (6. Aufl.). Berlin: Springer.

Kador, F.-J. (1992). Das Mitarbeitergespräch dient der Motivation und Entwicklung. *Arbeitgeber, 19/44,* 680–685.

Kahlen, R. (2002). Fordern und Fördern – Mitarbeitergespräch. *Capital, 22,* 130–132.

Kommunale Gemeinschaftsstelle für Verwaltungsmanagement (KGSt) (2002). *Das Mitarbeitergespräch in der Praxisbewährung.* Köln: KGSt.

Kiefer, B.-U. (1996). Erfahrungsaustausch: Personalbeurteilung versus Mitarbeitergespräch. *Personal, 4,* 166–170.

Kießling-Sonntag, J. (2000). *Handbuch Mitarbeitergespräche.* Berlin: Cornelsen.

Kießling-Sonntag, J. (2013). *Zielvereinbarungsgespräche führen. Arbeitsleistungen sachbezogen und partnerschaftlich vereinbaren.* Berlin: Cornelsen Scriptor.

Kingsley Westerman, C.Y. & Smith, S.W. (2015). Opening a performance dialogue with employees: Facework, voice, and silence. *Journal of Business and Technical Communication, 29* (4), 456–489. http://doi.org/10.1177/1050651915588147

Kinne, P. (2016). *Diversity 4.0. Zukunftsfähig durch intelligent genutzte Vielfalt.* Wiesbaden: Springer Gabler.

Kleinmann, M. & König, C. (2018). *Selbst- und Zeitmanagement.* Göttingen: Hogrefe. http://doi.org/10.1026/01494-000

Knebel, H. (1994). Ersetzt das „Mitarbeitergespräch" formalisierte Beurteilungssysteme? *Personal, 2,* 61–66.

König, S. & Rehling, M. (2006). *Mitarbeitergespräche. Erfolgsfaktoren, Potenziale und Defizite in der öffentlichen Verwaltung.* Düsseldorf: Hans-Böckler-Stiftung. Verfügbar unter: https://www.boeckler.de/pdf/p_edition_hbs_156.pdf

König, E. & Volmer, G. (2012). *Handbuch Systemisches Coaching* (2. Aufl.). Weinheim: Beltz.

Kratz, H.-J. (2012). *30 Minuten Mitarbeitergespräche* (8. Aufl.). Offenbach: Gabal.

Krumm, S., Mertin, I. & Dries, C. (2012). *Kompetenzmodelle.* Göttingen: Hogrefe.

Künzel, H. (2016). (Hrsg.) *Erfolgsfaktor Performance Management.* Wiesbaden: Springer Gabler. http://doi.org/10.1007/978-3-662-47102-9

Langer, I., Schulz von Thun, F. & Tausch, R. (2015). *Sich verständlich ausdrücken* (10. Aufl.). München: Reinhardt.

Leipold, J. (2011). *Evaluationsbericht: Das Mitarbeitergespräch an der JGU. Ergebnisse der Mitarbeiterbefragung.* Mainz: Johannes Gutenberg-Universität. Verfügbar unter: https://www.blogs.uni-mainz.de/personalentwicklung/files/2018/04/Bericht_MAGevaluation.pdf

Leonhardt, W. (1993). Mitarbeitergespräch fördert Engagement und Leistung. *Arbeit und Arbeitsrecht, 9,* 260–261.

Likert, R. (1961). *New Patterns of Management.* New York: McGraw-Hill.

Linna, A., Elovainio, M., Van den Bos, K., Kivimäki, M., Pentti, J. & Vahtera, J. (2012). Can usefulness of performance appraisal interviews change organizational justice perceptions? A 4-year longitudinal study among public sector employees. *International Journal of Human Resource Management, 23* (7), 1360–1375. http://doi.org/10.1080/09585192.2011.579915

Lippmann, E. (2013). Gesprächsführung. In T. Steiger & E. Lippmann (Hrsg.), *Handbuch Angewandte Psychologie für Führungskräfte. Führungskompetenz und Führungswissen* (4. Aufl., Bd. 1, S. 264–285). Berlin: Springer.

Locke, E. A. (2001). Motivation by Goal Setting. In R. T. Golembiewski (Ed.), *Handbook of Organizational Behaviour* (pp. 43–56). New York: Dekker.

Locke, E. A. & Latham, G. P. (2002). Building a practically useful theory of goal setting and task motivation. *American Psychologist, 57*, 705–717. http://doi.org/10.1037/0003-066X.57.9.705

Lohaus, D. (2009). *Leistungsbeurteilung.* Göttingen: Hogrefe.

Lohaus, D. (2010). *Outplacement.* Göttingen: Hogrefe.

Lohaus, D. & Schuler, H. (2014). Leistungsbeurteilung. In H. Schuler & U. P. Kanning (Hrsg.), *Lehrbuch der Personalpsychologie* (3. Aufl., S. 357–412). Göttingen: Hogrefe.

Lucas, M. (1995). *Hören, Hinhören, Zuhören: Die bessere Hälfte der Kommunikation.* Offenbach: Gabal.

Mayer, R. C., Davis, J. H. & Schoorman, F. D. (1995). An integrative model of organizational trust. *Academy of Management Review, 20*, 709–734. http://doi.org/10.2307/258792

McGregor, D. (1973). *Der Mensch im Unternehmen* (3. Aufl.). Düsseldorf: Econ.

McKnight, D. H. & Chervany, N. L. (2000). What is Trust? A Conceptual Analysis and an Interdisciplinary Model. *AMCIS 2000 Proceedings,* 382.

Meinecke, A. L., Klonek, F. E. & Kauffeld, S. (2017). Appraisal participation and perceived voice in annual appraisal interviews: Uncovering contextual factors. *Journal of Leadership & Organizational Studies, 24* (2), 230–245. http://doi.org/10.1177/1548051816655990

Meinecke, A. L., Lehmann-Willenbrock, N. & Kauffeld, S. (2017). What happens during annual appraisal interviews? How leader-follower interactions unfold and impact interview outcomes. *Journal of Applied Psychology, 10 2*(7), 1054–1074. http://doi.org/10.1037/apl0000219

Mentzel, W., Grotzfeld, S. & Haub, C. (2017). *Mitarbeitergespräche erfolgreich führen: Einzelgespräche, Teamgespräche, Zielvereinbarungen und Mitarbeiterbeurteilungen* (12. Aufl.). Freiburg: Haufe.

Micheli, M. de (2004). *Leitfaden für erfolgreiche Mitarbeitergespräche und Mitarbeiterbeurteilungen.* Zürich: Praxium.

Molcho, S. (2013). *Körpersprache des Erfolgs.* München: Goldmann.

Morrisson, T. & Conoway, W. A. (2006). *Kiss, Bow, or Shake Hands* (2nd ed.). Avon, MA: Adams Media.

Moser, K., Soucek, R., Galais, N. & Roth, C. (2018). *Onboarding – Neue Mitarbeiter integrieren.* Göttingen: Hogrefe. http://doi.org/10.1026/02849-000

Muck, P. & Schuler, H. (2004). Beurteilungsgespräch, Zielsetzung und Feedback. In H. Schuler (Hrsg.), *Beurteilung und Förderung beruflicher Leistung* (2. Aufl., S. 255–290). Göttingen: Hogrefe.

Nerdinger, F. W. (1997). *Führung durch Gespräche* (2. Aufl.). München: Bayerisches Staatsministerium für Arbeit und Sozialordnung, Familie, Frauen und Gesundheit.

Neuberger, O. (1996). *Miteinander arbeiten – miteinander reden. Vom Gespräch in unserer Arbeitswelt* (15. Aufl.). München: Bayerisches Staatsministerium für Arbeit und Sozialordnung, Familie, Frauen und Gesundheit.

Neuberger, O. (2015). *Das Mitarbeitergespräch. Praktische Grundlagen für erfolgreiche Führungsarbeit* (6. Aufl.). Wiesbaden: Springer Gabler.

Neumann, P. (2014). Gespräche mit Mitarbeitern effizient führen. In L. von Rosenstiel, E. Regnet & M. Domsch (Hrsg.), *Führung von Mitarbeitern* (7. Aufl., S. 223–237). Stuttgart: Schäffer-Poeschel.

Pälli, P. & Lehtinen, E. (2014). Making objectives common in performance appraisal interviews. *Language & Communication, 39*, 92–108. http://doi.org/10.1016/j.langcom.2014.09.002

Pfaff, H., Kaiser, C. & Krause, H. (2002). *Krankenrückkehrgespräche: Zur Ambivalenz einer Sozialtechnologie* (Gutachten für die Expertenkommission „Betriebliche Gesundheitspolitik" der Bertelsmann Stiftung und der Hans-Böckler-Stiftung). Köln: Abteilung Medizinische Soziologie des Instituts für Arbeits- und Sozialmedizin der Universität zu Köln.

Pichler, S. (2012). The social context of performance appraisal and appraisal reactions: A meta-analysis. *Human Resource Management, 51* (5), 709–732. http://doi.org/10.1002/hrm.21499

Pinnow, D. (2012). *Führen. Worauf es wirklich ankommt* (6. Aufl.). Wiesbaden: Springer Gabler.

Prothmann, K. (2006). Möglichkeiten des Mitarbeitergesprächs als Online-Tool. In A. Thienel (Hrsg.), *Webbasierte Assessments, Online-Akademien und Change Management Portale: Internetbasierte Systeme zur Personalauswahl, Personal- und Organisationsentwicklung* (S. 137–149). Saarbrücken: VDM.

Putz, P. (1999). Nutzen der Evaluierung von Managementsystemen. *Personal, 51,* 502–505.

Rauen, C. (2014). *Coaching* (3. Aufl.). Göttingen: Hogrefe.

Regnet, E. (2017). *Frauen ins Management*. Göttingen: Hogrefe. http://doi.org/10.1026/02725-000

Reinhardt, T. (2002). *Einstellungen und Erwartungen von Mitarbeitern im Pflegedienst gegenüber dem strukturierten Mitarbeitergespräch* (Dissertation). Albert-Ludwigs-Universität Freiburg.

Rettig, D. (2015). Das Ende der Zahlendiktatur. *Wirtschaftswoche, 33,* 86–89.

Riechert, I. (2015). *Psychische Störungen bei Mitarbeitern. Ein Leitfaden für Führungskräfte und Personalverantwortliche – von der Prävention bis zur Wiedereingliederung* (2. Aufl.). Berlin: Springer.

Rischar, K. (2011). *Schwierige Mitarbeitergespräche* (6. Aufl.). Hamburg: Windmühle.

Rock, D. (2008). SCARF: a brain-based model for collaborating with and influencing others. *NeuroLeadership Journal, 1,* 1–9.

Rosenstiel, L. von (2014). Anerkennung und Kritik als Führungsmittel. In L. von Rosenstiel, E. Regnet & M. Domsch (Hrsg.), *Führung von Mitarbeitern* (7. Aufl., S. 238–247). Stuttgart: Schäffer-Poeschel.

Rosenstiel, L. von (2015). *Motivation im Betrieb* (11. Aufl.). Wiesbaden: Springer Gabler.

Rosenthal, R. (1976). *Experimenter effects in behavioral research*. New York: Wiley.

Saint-Exupéry, A. de (2014). *Der kleine Prinz* (62. Aufl.). Düsseldorf: Rauch.

Sandlund, E., Olin-Scheller, C., Nyroos, L., Jakobsen, L. & Nahnfeldt, C. (2011). The performance appraisal interview: An arena for the reinforcement of norms for employeeship. *Nordic Journal of Working Life Studies, 1,* 59–75. http://doi.org/10.19154/njwls.v1i2.2345

Sarges, W. (1995). Bewerber-Interviews und Mitarbeiter-Gespräche: Engpaß Exploration. In B. Voß (Hrsg.), *Kommunikationstraining* (S. 136–156). Göttingen: Verlag für Angewandte Psychologie.

Scheffer, D. & Kuhl, J. (2006). *Erfolgreich motivieren. Mitarbeiterpersönlichkeit und Motivationstechniken*. Göttingen: Hogrefe.

Schein, E. (2004). *Karriereanker: Die verborgenen Muster in Ihrer beruflichen Entwicklung*. Darmstadt: Lanzenberger Dr. Looss Stadelmann.

Scherm, M. & Sarges, W. (2019). *360°-Feedback* (2. Aufl.). Göttingen: Hogrefe. http://doi.org/10.1026/03000-000

Schmid, S. & Thomas, A. (2003). *Beruflich in Großbritannien. Trainingsprogramm für Manager, Fach- und Führungskräfte*. Göttingen: Vandenhoeck & Ruprecht.

Schmidt, K.-H. & Kleinbeck, U. (2006). *Führen mit Zielvereinbarung*. Göttingen: Hogrefe.

Schneglberger, J. (2010). *Burnout-Prävention unter psychodynamischem Aspekt: Eine Untersuchung von Möglichkeiten der nachhaltigen betrieblichen Gesundheitsförderung*. Wiesbaden: VS. http://doi.org/10.1007/978-3-531-92222-5

Schneider, E. (2014). *Sicherer Umgang mit Burnout im Unternehmen: Individuelle und unternehmenskulturelle Zusammenhänge*. Wiesbaden: Springer VS. http://doi.org/10.1007/978-3-658-03992-9

Schuler, H. (2014). *Psychologische Personalauswahl. Eignungsdiagnostik für Personalentscheidungen und Berufsberatung* (4. Aufl.). Göttingen: Hogrefe.

Schuler, H. & Görlich, Y. (2018). Leistungsbeurteilung und Beurteilungsgespräch. In I. Jöns & W. Bungard (Hrsg.), *Feedbackinstrumente im Unternehmen* (2. Aufl., S. 83–105). Wiesbaden: Springer Gabler.

Schuler, H. & Moser, K. (Hrsg.). (2019). *Lehrbuch Organisationspsychologie* (6. Aufl.). Bern: Hogrefe.

Schuler, H. & Mussel, P. (2016). *Einstellungsinterviews vorbereiten und durchführen*. Göttingen: Hogrefe. http://doi.org/10.1026/02397-000

Schulz, R., Schardien, P. & Hossiep, R. (2017). Das Bochumer Inventar zur berufsbezogenen Persönlichkeitsbeschreibung (BIP). In J. Erpenbeck, L. von Rosenstiel, S. Grote & W. Sauter (Hrsg.), *Handbuch Kompetenzmessung* (3. Aufl., S. 580–596). Stuttgart: Schäffer-Poeschel.

Schulz von Thun, F. (2010). *Miteinander Reden: 1. Störungen und Klärungen* und *Miteinander Reden 2: Stile, Werte und Persönlichkeitsentwicklung*. Reinbek: Rowohlt.

Schulz von Thun, F., Ruppel, J. & Stratmann, R. (2003). *Miteinander Reden: Kommunikationspsychologie für Führungskräfte*. Reinbek: Rowohlt.

Sorsa, V., Pälli, P. & Mikkola, P. (2014). Appropriating the words of strategy in performance appraisal interviews. *Management Communication Quarterly, 28* (1), 56–83. http://doi.org/10.1177/0893318913513270

Sprenger, R. K. (1991). *Mythos Motivation. Wege aus einer Sackgasse*. Frankfurt am Main: Campus.

Sprenger, R. K. (2007). *Vertrauen führt: Worauf es im Unternehmen wirklich ankommt* (3. Aufl.). Frankfurt am Main: Campus.

Stöwe, C. & Beenen, A. (2013). *Mitarbeiterbeurteilung und Zielvereinbarung: 300 Musterziele für verschiedene Berufsgruppen* (4. Aufl.). Freiburg: Haufe.

Techniker Krankenkasse (Hrsg.). (2018). *Gesundheitsreport 2018*. Verfügbar unter: https://www.tk.de/resource/blob/2034000/60cd049c105d066650f9867da5b4d7c1/gesundheitsreport-au-2018-data.pdf

Tosti, D. T. (2001). Feedback-Systeme. In K. Wittkuhn & T. Bartscher (Hrsg.), *Improving Performance. Leistungspotentiale in Organisationen entfalten* (S. 161-182). Neuwied: Luchterhand.

Trompenaars, F. & Hampden-Turner, C. (2012). *Riding the Waves of Culture* (3rd ed.). New York: McGrawHill.

Trost, A. (2015). *Unter den Erwartungen. Warum das jährliche Mitarbeitergespräch in modernen Arbeitswelten versagt*. Weinheim: Wiley.

Ulich, E. & Wülser, M. (2018). *Gesundheitsmanagement in Unternehmen: Arbeitspsychologische Perspektiven* (7. Aufl.). Wiesbaden: Springer Gabler. http://doi.org/10.1007/978-3-658-18435-3

Wachsmuth, D. (2014). *Erfolgsfaktor prozedurale Gerechtigkeit im institutionalisierten Mitarbeitergespräch: Interaktionsanalytische Determinanten und affektive Konsequenzen*. Berlin: Logos.

Wastian, M., Kraus, R. & Rosenstiel, L. von (2016). *Projektteams und -manager beraten und coachen*. Göttingen: Hogrefe. http://doi.org/10.1026/02773-000

Watzlawick, P., Beavin, J. H. & Jackson, D. D. (2017). *Menschliche Kommunikation. Formen, Störungen, Paradoxien* (13. Aufl.). Bern: Hogrefe. (Original erschienen 1967, Pragmatics of Human Communication) http://doi.org/10.1024/85745-000

Weiss, H. (2007). WW8 – ein Instrument (auch) für die Paartherapie. Die Analyse von Wechselwirkungen in kritischen dyadischen Beziehungssituationen. *Familiendynamik, 32* (4), 330–345.

Westermann, F. (Hrsg.). (2007). *Entwicklungsquadrat. Theoretische Fundierung und praktische Anwendungen*. Göttingen: Hogrefe.

Willmes, L. F. (2018). *Führungsinstrument Mitarbeitergespräch: Eine Follow-Up-Studie bei den 820 größten Unternehmen im deutschsprachigen Raum*. (Unveröffentlichte Masterarbeit). Ruhr-Universität Bochum.

Winkler, B. (2012). Traust Du mir – trau ich Dir. Wie entsteht Vertrauenswürdigkeit? *Organisationsentwicklung, 1,* 24–31.

Winkler, B. & Hofbauer, H (2010). *Das Mitarbeitergespräch als Führungsinstrument* (4. Aufl.). München: Hanser. http://doi.org/10.3139/9783446424173

Wirtz, M. A. (Hrsg.). (2017). *Dorsch – Lexikon der Psychologie* (18. Aufl.). Bern: Hogrefe.

Wittkuhn, K. & Bartscher, T. (2001). Von der Analyse zur Handlung. Wie findet man die adäquate Intervention. In K. Wittkuhn & T. Bartscher (Hrsg.), *Improving Performance. Leistungspotentiale in Organisationen entfalten* (S. 115–120). Neuwied: Luchterhand.

Wolter, S., Broszeit, S., Frodermann, C., Grunau, P. & Bellmann, L. (2016). *Mehr Zufriedenheit und Engagement in Betrieben mit guter Personalpolitik* (IAB-Kurzbericht 16/2016). Nürnberg: Institut für Arbeitsmarkt- und Berufsforschung (IAB) der Bundesagentur für Arbeit.

Wunderer, R. (2011). *Führung und Zusammenarbeit: Eine unternehmerische Führungslehre* (9. Aufl.). München: Luchterhand.

Zempel, J., Alberternst, C. & Moser, K. (2005). Einführung des Mitarbeitergesprächs im öffentlichen Dienst. In I. Jöns & W. Bungard (Hrsg.), *Feedbackinstrumente im Unternehmen. Grundlagen, Gestaltungshinweise, Erfahrungsberichte* (S. 315–331). Wiesbaden: Gabler.

Zintl, J. (Hrsg.). (2019). *Mitarbeitergespräche führen für Dummies*. Weinheim: Wiley-VCH.

8 Anhang

Checklisten: Fragen zur Vorbereitung auf das Mitarbeitergespräch

Fragen zur Zusammenarbeit	
Sicht des Mitarbeiters (MA)	**Sicht der Führungskraft (FK)**
<ul><li>Bin ich in ausreichendem Umfang eingearbeitet worden?</li><li>Sind die Arbeitsanweisungen meiner FK klar und umfassend?</li><li>Verfüge ich über ausreichende Informationen zur Erfüllung der mir übertragenen Aufgaben?</li><li>Bin ich in der Lage, selbstständig zu arbeiten?</li><li>Werde ich von meiner FK hinreichend informiert?</li><li>Informiere ich meine FK hinreichend über meine Arbeit? Gebe ich die für sie wichtigen Fakten weiter?</li><li>Treten Missverständnisse auf? Wenn ja: Warum, wobei und wann?</li><li>Werde ich von meiner FK bei Entscheidungen beteiligt, die meinen Tätigkeitsbereich betreffen?</li><li>Ist mein Verhalten für die FK berechenbar/einschätzbar/kalkulierbar?</li><li>Ist das Verhalten der FK für mich berechenbar/einschätzbar/kalkulierbar?</li><li>Setzt sich meine FK mit Vorschlägen von mir auseinander? Gilt dies auch dann, wenn meine Vorschläge von ihren Vorstellungen abweichen?</li><li>Spricht meine FK offen mit mir über Arbeitsergebnisse und gibt sie mir ein umfassendes Feedback?</li><li>Erhalte ich Lob oder Kritik von meiner FK?</li></ul>	<ul><li>Ist der MA in ausreichendem Umfang eingearbeitet worden?</li><li>Gebe ich hinreichend klare Arbeitsanweisungen?</li><li>Habe ich die prinzipielle Bereitschaft, meine Einstellungen und mein Verhalten gegenüber dem MA nach diesem Gespräch ggf. zu korrigieren?</li><li>Verfügt der MA über genügend Informationen bzgl. der Zusammenhänge zwischen seiner Tätigkeit und den übergeordneten Zielen der Organisation?</li><li>Inwiefern ist der MA in der Lage, selbstständig zu arbeiten?</li><li>Informiert der MA mich so, dass sein Arbeitsbereich für mich hinreichend transparent ist? Erhält er durch mich die für ihn wichtigen Informationen?</li><li>Treten Missverständnisse auf? Wenn ja: Warum, wobei und wann?</li><li>Wird der MA von mir an Entscheidungen beteiligt, die für seinen Tätigkeitsbereich wirksam werden?</li><li>Ist mein Verhalten für den MA berechenbar/einschätzbar/kalkulierbar?</li><li>Ist das Verhalten des MA für mich berechenbar/einschätzbar/kalkulierbar?</li><li>Bin ich bereit, mich mit Vorschlägen meines MA auch dann auseinanderzusetzen, wenn sie von meinen eigenen Vorschlägen oder Vorstellungen abweichen oder ihnen gar zuwiderlaufen?</li></ul>

Fragen zur Zusammenarbeit (Fortsetzung)	
Sicht des Mitarbeiters (MA)	**Sicht der Führungskraft (FK)**
<ul><li>Werden Fehler in angemessener Form konstruktiv kritisiert?</li><li>Bekomme ich ausreichend Hilfestellungen von meiner FK und gibt sie mir Rückendeckung?</li><li>Trägt meine FK meine Entscheidungen und Handlungsfolgen mit? Wenn nicht, was sind die Ursachen?</li><li>Trage ich die Entscheidungen und Handlungsanweisungen meiner FK mit? Wenn nicht, was sind die Ursachen?</li><li>Komme ich in Gesprächen ausreichend zu Wort?</li><li>Werden kritische Anregungen meinerseits aufgenommen und setzt sich die FK damit auseinander?</li><li>Erkenne ich die FK an? Wenn nicht, woran liegt dies?</li><li>…</li></ul>	<ul><li>Wie offen bespreche ich die Arbeitsergebnisse des MA mit ihm?</li><li>Werden die Ursachen von Erfolg und Misserfolg fundiert ermittelt und angesprochen?</li><li>Erkenne ich die Leistungen meines MA an und kommt dies bei ihm auch entsprechend an (d. h. fühlt er sich anerkannt/gewürdigt/fair behandelt)?</li><li>Kritisiere ich in angemessener Form die Leistungen und/oder das Verhalten meines MA? Liegen Ursachen primär an den Umständen oder sind sie in der Person des MA zu suchen?</li><li>Gebe ich meinem MA Hilfestellungen sowie Rückendeckung?</li><li>Trage ich die Entscheidungen und Handlungsfolgen meines MA mit? Wenn nicht, was sind die Ursachen?</li><li>Trägt mein MA meine Entscheidungen mit? Setzt er sie wie besprochen um?</li><li>Hebe ich die individuellen Leistungen meines MA hervor und räume ihm z. B. Präsentationsmöglichkeiten auch gegenüber höheren Führungskräften ein?</li><li>Kommt mein MA in unseren Gesprächen ausreichend zu Wort?</li><li>Nehme ich kritische Anregungen des MA auf? Setze ich mich aktiv mit seinen Anregungen auseinander?</li><li>Erkenne ich frühzeitig bestehende Konflikte zwischen meinem MA und mir und bemühe mich um Klärung?</li><li>Werde ich von meinem MA als Führungskraft anerkannt?</li><li>…</li></ul>

Fragen zum Aufgaben- und Arbeitsumfeld

Sicht des Mitarbeiters (MA)	Sicht der Führungskraft (FK)
- Was sind meine zentralen Aufgaben und Anforderungen für die Erfüllung meiner Arbeit? - Sind meine Ziele widerspruchsfrei formuliert und klar abgesteckt? - Erkennt meine FK meine Fähigkeiten? - Welche Schwerpunkte setze ich bei der Aufgabenerledigung? Gab es diesbezüglich schon einmal Probleme? - Konnte ich alle mir übertragenen Aufgaben in der dafür vorgesehenen Zeit erledigen? Falls nein, woran lag dies? - Gibt es zwischen den Kollegen innerhalb der Abteilung und darüber hinaus genügend Hilfestellung? - Funktioniert die gegenseitige Vertretung in Abwesenheit? - Sind die notwendigen Arbeits- und Betriebsmittel vorhanden? - Bin ich mit meinen eigenen Leistungen und Arbeitsergebnissen zufrieden? - Sofern der MA Führungsverantwortung trägt: Wie gehe ich mit meiner Führungsverantwortung in Bezug auf Motivation, Delegation, Information, Gesprächsführung usw. um? - …	- Wo liegen die zentralen Aufgaben und Anforderungen für das Arbeitsgebiet des MA? - Sind die Ziele für den MA widerspruchsfrei formuliert und klar abgesteckt? - Erkenne ich besondere Befähigungen oder Begabungen des MA und berücksichtige diese bei meinen Überlegungen? - Inwieweit erfolgt das Engagement des MA aus eigenem Antrieb? - Wo liegen aus meiner Sicht die Schwerpunkte bei der Aufgabenerledigung für den MA? Treffen diese noch zu? - Wie kommt der MA mit dem Arbeitsvolumen zurecht? Kann er seine Aufgaben in der regulären Arbeitszeit erfüllen? - Konnte der MA in der abgelaufenen Periode Aufgaben gar nicht oder nur in nicht angemessener Zeit abschließen? Wenn ja: Welche und warum? - Stehen dem MA notwendige Sachmittel zur Verfügung? - War die anfallende Arbeit nur mit einem zusätzlichen Aufwand zu bewältigen? Wenn ja, welcher Aufwand war dies (Zeit, Sachmittel, physische und psychische Belastung)? - Wie zufrieden bin ich mit den Leistungen und Arbeitsergebnissen des MA? - Wo liegen Chancen oder Notwendigkeiten der Verbesserung des Arbeitsverhaltens des MA? - Sofern der MA selbst auch Führungsverantwortung trägt: Wie geht er mit der Führungsverantwortung in Bezug auf Motivation, Delegation, Information, Gesprächsführung usw. um? - …

Fragen zu Förder- und Entwicklungsmaßnahmen	
Sicht des Mitarbeiters (MA)	**Sicht der Führungskraft (FK)**
<ul><li>Wie lange übe ich meine jetzige Tätigkeit bereits aus?</li><li>Werden mir Fördermaßnahmen angeboten, die auf mich individuell abgestimmt sind und mir helfen, meine Schwächen zu vermindern und meine Stärken weiter auszubauen?</li><li>Entspricht meine Tätigkeit meinen Befähigungen und Interessen? Wo könnten meine Fähigkeiten anders oder noch besser eingesetzt werden?</li><li>Kenne ich das Personalentwicklungskonzept der Organisation?</li><li>Welche beruflichen Qualifikationen habe ich privat erworben? Werden diese von der Organisation honoriert?</li><li>Durch welche Fortbildungen könnte mein Profil erweitert bzw. verbessert werden?</li><li>Welche Potenziale sieht meine FK in mir?</li><li>Was haben bisherige Förder- und Entwicklungsmaßnahmen mir konkret gebracht?</li><li>…</li></ul>	<ul><li>Über welchen Zeitraum übt der MA die jetzige Tätigkeit bereits aus?</li><li>Gibt es in der Organisation Fördermaßnahmen, die es dem MA ermöglichen würden, den Anforderungen seines Arbeitsplatzes noch besser gerecht zu werden?</li><li>Welche Tätigkeiten entsprechen zurzeit den Befähigungen und Interessen des MA besonders, welche weniger?</li><li>In welchem Arbeitsbereich könnte der MA ggf. anders oder auch besser eingesetzt werden?</li><li>Durch welche gezielten Fortbildungsmaßnahmen könnten die Fähigkeiten und Kenntnisse des MA weiterentwickelt bzw. trainiert werden?</li><li>Kennt der MA das Personalentwicklungskonzept der Organisation? Welche Konsequenzen ergeben sich für ihn daraus?</li><li>Zeigt der MA Interesse an neuen oder veränderten Anforderungen?</li><li>Wie schätze ich das Potenzial des MA ein (hinsichtlich Können und Wollen)?</li><li>Was haben bisherige Förder- und Entwicklungsmaßnahmen dem MA konkret gebracht?</li><li>…</li></ul>

Fragen zur Zielerreichung und Zielvereinbarung für die *abgelaufene* Periode	
Sicht des Mitarbeiters (MA)	**Sicht der Führungskraft (FK)**
<ul><li>Welche Ziele gab es für die Organisation, die Geschäftseinheit, die Abteilung und meinen direkten Verantwortungsbereich?</li><li>Welche Aufgaben und Ziele wurden in meinem letzten Gespräch vereinbart, und wie ist der Grad der Zielerreichung heute?</li><li>Welche Faktoren haben den aktuellen Grad der Zielerreichung gefördert, welche ihn eher gehemmt?</li><li>Was hat davon mit Fähigkeiten, mit Ressourcen, mit Verhalten oder externen Einflüssen zu tun? Spielen Dritte dabei eine Rolle?</li><li>Was kann ich verbessern? – An der Arbeitsweise, im Kontakt mit Kunden und Kollegen?</li><li>Welche Fragen habe ich an meine FK? Welches Feedback möchte ich ihr geben?</li><li>Was spricht für eine Gehaltsüberprüfung: Leistungssteigerungen oder qualifiziertere Aufgaben?</li><li>Wobei kann es in der Beurteilung des abgelaufenen Jahres zu Wahrnehmungsunterschieden, abweichenden Einschätzungen oder Interessenkonflikten kommen?</li><li>…</li></ul>	<ul><li>Wie schätze ich die Zielerreichung des Mitarbeiters ein?</li><li>Welche Faktoren halte ich für das Zustandekommen des aktuellen Zielerreichungsgrades für entscheidend?</li><li>Welche Ziele gab es für die Organisation, die Organisationseinheit, die Abteilung und meinen direkten Verantwortungsbereich?</li><li>Wobei kann es in der Beurteilung des abgelaufenen Jahres zu Wahrnehmungsunterschieden, abweichenden Einschätzungen oder Interessenkonflikten kommen?</li><li>Was spricht für eine Gehaltsüberprüfung: Leistungssteigerung, qualifiziertere Aufgaben oder Umgruppierungen bei vergleichbaren Tätigkeiten anderer MA?</li><li>…</li></ul>

Anhang 165

Fragen zur Zielerreichung und Zielvereinbarung für die *künftige* Periode	
Sicht des Mitarbeiters (MA)	**Sicht der Führungskraft (FK)**
• Wie und was kann ich zu den Zielen meiner Abteilung, meines Verantwortungsbereichs beitragen? • Welche neuen Ziele sind für mein Arbeitsgebiet sinnvoll? • Welche Ziele, die ich erreicht habe, haben Nutzen für das Gesamtsystem/die Gesamtorganisation gebracht? • Wo liegen meine besonderen Stärken, die ich in die Organisation einbringen kann? • Was kann ich tun, um meine Performance, meine Leistung, meinen Beitrag zu halten und weiter auszubauen? • Welche Personalentwicklungsmaßnahmen benötige ich zur Erreichung meiner künftigen Ziele? • Welche Personalentwicklungsmaßnahmen sind relevant für meine zu erwartenden Ziele und Aufgaben? • Wodurch kann mich meine FK in der Erreichung meiner Ziele unterstützen? • Welche Ziele würde ich mir selbst gern in die Zielvereinbarung schreiben?	• Wie kann mein MA zu den Zielen unserer Abteilung, unseres Verantwortungsbereichs beitragen? • Wie kann ich meinen MA bei der Erreichung der Ziele unterstützen? • Welche Zielüberprüfungen (Kontrollen) sind denkbar – Termine, Jour fixe, „Mini-MAG"? • Welche Personalentwicklungsmaßnahmen benötigt mein MA zur Zielerreichung? • Wie sehe ich die weitere Entwicklungsplanung des MA über die aktuelle Verantwortung hinaus? • Woran mache ich eine erfolgreiche Zielerreichung fest?

Checkliste: Vorgehen beim Kritikgespräch (Teil I)

Paradigmatisches Vorgehen aus Sicht der Führungskraft	
Gesprächsphasen	**Empfehlungen zum Vorgehen**
1 Eröffnung	Ziel: Angemessenes Klima und Rahmen schaffen 1. Begrüßung 2. Situationsklärung: Anlass, Bedeutung und Ziel des Gesprächs 3. Zeitrahmen klären 4. Möglichst positiven Kontakt fördern: Wohlwollen signalisieren
2 Äußern der Kritik	Ziel: Kritik deutlich äußern und konkretisieren 1. Ohne Umschweife, höflich, aber bestimmt und klar die Thematik ansprechen 2. Den wesentlichen Kritikpunkt formulieren (nicht mit einer Beschwerdeliste à la Kerbholz erschlagen) 3. Beispiele konkretisieren (Vermutungen/Spekulationen als solche kennzeichnen) 4. Kritik auf tatsächliches Verhalten und nicht auf die Gesamtperson beziehen 5. Aufzeigen, wo auch Stärken liegen, und auch Positives herausstellen (aber nicht die negative Kritik weichspülen)
3 Austausch über die Kritik	Ziel: Zur Stellungnahme auffordern und Hintergründe erfahren 1. Nach jedem einzelnen Kritikpunkt dem Mitarbeiter die Gelegenheit zur Stellungnahme einräumen („Wie ist Ihre Sichtweise?") 2. Ursachen und Hintergründe aus Sicht des Mitarbeiters klären 3. Folgen des Fehlverhaltens verdeutlichen und Auswirkungen darlegen 4. Unterschiedliche Auffassungen prägnant erörtern und nicht vergessen, Übereinstimmungen herauszustellen

Checkliste: Vorgehen beim Kritikgespräch (Teil II)

Paradigmatisches Vorgehen aus Sicht der Führungskraft	
Gesprächsphasen	**Empfehlungen zum Vorgehen**
4 Vereinbarungen treffen	Ziel: Maßnahmen für Veränderungen verabreden 1. Vorstellungen des Mitarbeiters zur Verbesserung nachhaltig erfragen (keinesfalls alles mit eigenen Problemlösungen überziehen, der Mitarbeiter muss sich an der Bearbeitung seiner Probleme zielführend beteiligen) 2. Eigene Ziele verdeutlichen und eigene Veränderungsideen einbringen (ggf. Vorschläge des Mitarbeiters höflich, aber bestimmt korrigieren) 3. Künftiges erwartetes Verhalten/Leistungen präzisieren 4. Verantwortung für Veränderung besprechen und genau hinhören, ob Veränderungen realistisch sind und wirklich akzeptiert werden 5. Klären, welche Hilfestellung/Unterstützung man als Führungskraft geben kann und sollte 6. Klare Vereinbarungen mit realistischem Zeitrahmen treffen und überprüfen, ob Verabredungen für beide Gesprächspartner annehmbar sind
5 Abschluss	Ziel: Zukunftsblick und Abschluss 1. Gesprächsergebnis und Vereinbarungen zusammenfassen 2. Einverständnis des Mitarbeiters einholen 3. Zeitpunkt vereinbaren, um Tragfähigkeit der Vereinbarungen zu überprüfen (ggf. Teilziele ins Auge fassen) 4. Eigene Hoffnung auf zukünftige gute Zusammenarbeit zum Ausdruck bringen (authentisch bleiben!) 5. Verabschiedung

Checkliste: Vorgehen beim Abmahnungsgespräch

Paradigmatisches Vorgehen aus Sicht der Führungskraft	
Gesprächsphasen	**Empfehlungen zum Vorgehen**
1 Einstieg	Knappe, sachlich gehaltene Begrüßung
2 Thema klar benennen	• Gesprächsziel erläutern • Fehlverhalten präzise und möglichst konkret beschreiben • Erwartetes Verhalten deutlich beschreiben (ggf. Hinweis auf bisherige Absprachen, Arbeitsvertrag) • Mitarbeiter ermahnen („Ermahnung" als Vorstufe zur Abmahnung) • Dem Mitarbeiter Konsequenzen hinreichend deutlich machen
3 Stellungnahme des Mitarbeiters entgegennehmen	Dem Mitarbeiter eine ausführliche Stellungnahme ermöglichen (nachhaken, ihn auffordern)
4 Einwände des Mitarbeiters aufnehmen	Einwände ernst nehmen und nicht pauschal abbügeln
5 Zwischenstand	Zusammenfassung des erreichten Gesprächsstands
6 Dokumentation	Schriftliche Abmahnung (in der Regel nur falls frühere Ermahnungen fruchtlos waren; Abmahnung auch schriftlich per Post, Kopie des Schreibens wird temporär Bestandteil der Personalakte)
7 Gesprächsabschluss	Verbindlichkeit – Hoffnung (oder Glauben) zum Ausdruck bringen, dass Besserung eintritt

Sachregister

360°-Feedback 100

A

Abmahnungsgespräch 171
Absentismus 33
Aktives Zuhören 25, 26
Anerkennungsgespräch 83
Arbeitnehmervertretung 11, 47, 133
Arbeitszufriedenheit 33, 63
Austrittsgespräch 93

B

Beobachtungsunterlagen 95
Beratungsgespräch 166
Betriebsrat (siehe Rechtliche Rahmenbedingungen, Betriebsrat)
Beurteilungsfehler (siehe Wahrnehmungs- und Beurteilungsfehler)
Beurteilungsgespräch 85, 86
Beziehungsebene 17, 85, 110, 122, 170

C

Coachinggespräche 101

D

Diversity 44

E

Eisberg-Modell 8
Entwicklungsziele 71, 74

F

Feedback 35, 37, 39, 40, 85
- Entgegennehmen von Feedback 39
- Feedbackgespräch 83
- Feedbackregeln 37, 38
- formatives Feedback 36
- Geben von Feedback 35, 38
- summatives Feedback 36
Feedforward 40, 41, 42, 131
Fehlzeiten 89, 91
Fragetechniken 28, 29, 56, 64, 83
Führung 30, 32, 43, 49, 53, 73, 88, 93, 100, 113, 114, 133
- Führungswirksamkeit 7

G

Gebote guten Zuhörens 27
Gesprächseinstieg 25, 56, 70, 88
Gesprächsklima 29
Gesprächsstile 23, 24
- Direktives Gespräch 24, 25
- Non-direktives Gespräch 25, 26
Gesprächstechniken 29, 89
Gesprächstypen 83

K

Klarheit 13
Kommunikation 16, 51, 109
- Grundlagen der Kommunikation 16
- misslungene Kommunikation 109
Kommunikationsmodelle 16, 17
- Johari-Fenster 21
- Sender-Empfänger-Modell 16
- TALK-Modell 17
- Vier-Schichten-Modell 20
- Wechselwirkungs-Acht 22
- Zwei-Ebenen-Modell 17
Kommunikationsstörungen 110
Konfliktlösungsgespräch 88, 89
Körpersprache 34
Kritikgespräch 83, 88, 167
Kündigungsgespräch 94

L

Laufbahnplanung 76
Leistungsbeurteilung 5, 6, 85

M

Mitarbeitergespräch
- Ablauf 66, 67
- Akzeptanz 60
- Ängste und Befürchtungen 88, 112
- Definition 3, 4
- Dokumentation 55, 77, 127
- Durchführung 66, 69, 108
- Einführung 45, 49, 53, 55, 108
- Evaluation 79
- Fallbeispiel 81, 104, 120, 134, 142
- interkultureller Kontext 34, 51, 125

- Leitfaden 54
- Nachbereitung 78
- Nutzen 13, 14, 15, 65
- Vorbereitung 66, 69, 160
- Wirkungsweise 56

Motivation 30, 31

O

Organisationsentwicklung
- Strategien 50

P

Performance Management 102, 104, 128
Personalauswahl 95
- Beobachtungsunterlagen 95

Personalentwicklung 76, 101
- Maßnahmen 75

Personalentwicklungsgespräch 87
Potenzialbeurteilung 87
Präsentismus 91
Psychische Erkrankungen 92

R

Rechtliche Rahmenbedingungen 45
- Betriebsrat 46, 47, 124
- Betriebsvereinbarung 49
- Betriebsverfassungsgesetz 1, 45
- Bundespersonalvertretungsgesetz 45

Rückkehrgespräch 89, 92

S

Sachebene 17, 21, 43, 85, 110, 170
S-M-A-R-T-Kriterien 72
Stressgespräch 24, 26

T

Trainingskonzepte 114
- Auswahl externer Trainer 118
- En-bloc-Training 114
- Fallbeispiel 115, 121, 122
- Intervalltraining 117
- Online-Lernplattformen 117

Trennungsgespräch 93

V

Verständlichkeit 21
- Verständlichkeitsfenster 31

Vertrauen 8, 11, 12, 87, 90, 101, 112

W

Wahrnehmungs- und Beurteilungsfehler 111
- Erster-Eindruck-Effekt bzw. Primacy-Effekt 112
- Halo-Effekt bzw. Hof-Effekt 111
- Hierarchie-Effekt 111
- Kontakt-Effekt bzw. Mere-exposure-Effekt 112
- Letzter-Eindruck-Effekt bzw. Recency-Effekt 112
- Tendenz zur Milde 112
- Tendenz zur Mitte 112
- Tendenz zur Strenge 112

Wahrnehmungsverzerrungen 111
Wertschätzung 23, 134

Z

Zielvereinbarung 69, 72–75, 81, 85, 99, 107, 114, 122, 131
Zielvorgabe 74, 99
Zuhören 83
Zusammenarbeit 35, 42, 71, 85, 121

Praxis der Personalpsychologie

Human Resource Management kompakt

Herausgeber: Heinz Schuler / Jörg Felfe / Rüdiger Hossiep / Martin Kleinmann

Martin Scherm /
Werner Sarges
360°-Feedback

Band 1: 2., überarb. und erw.
Aufl. 2019, VI/132 Seiten,
€ 24,95 / CHF 32.50
ISBN 978-3-8017-3000-0
Auch als eBook erhältlich

Martin Kleinmann /
Cornelius J. König
**Selbst- und
Zeitmanagement**

Band 38: 2018,
VI/146 Seiten,
€ 24,95 / CHF 32.50
ISBN 978-3-8017-1494-9
Auch als eBook erhältlich

Klaus Moser /
Roman Souček /
Nathalie Galais /
Colin Roth
**Onboarding –
Neue Mitarbeiter
integrieren**

Band 37: 2018,
VI/159 Seiten,
€ 24,95 / CHF 32.50
ISBN 978-3-8017-2849-6
Auch als eBook erhältlich

Erika Regnet
**Frauen ins
Management**
Chancen, Stolpersteine
und Erfolgsfaktoren

Band 36: 2017,
VI/165 Seiten,
€ 24,95 / CHF 32.50
ISBN 978-3-8017-2725-3
Auch als eBook erhältlich

Margarete Boos /
Thomas Hardwig /
Martin Riethmüller
**Führung und
Zusammenarbeit
in verteilten Teams**

Band 35: 2017,
VI/146 Seiten,
€ 24,95 / CHF 32.50
ISBN 978-3-8017-2628-7
Auch als eBook erhältlich

**Bestellen Sie jetzt die Reihe zur Fortsetzung
zum günstigen Preis von € 19,95 je Band.**

Ein Abo beginnt immer mit dem nächsten Band,
der erscheint. Ihre Fortsetzungsbestellung umfasst
eine Mindestabnahme von vier Titeln in Folge.

*Sparen
Sie mehr als
20%*

www.hogrefe.com

Heinz Schuler /
Uwe P. Kanning (Hrsg.)
Lehrbuch der Personalpsychologie

3., überarb. und
erw. Aufl. 2014,
1.274 Seiten, geb.,
€ 99,95 / CHF 135.00
ISBN 978-3-8017-2363-7
Auch als eBook erhältlich

Heinz Schuler
Das Einstellungs-interview

2., überarb. Aufl. 2018,
370 Seiten, geb.,
€ 39,95 / CHF 48.50
ISBN 978-3-8017-2871-7
Auch als eBook erhältlich

Paul Watzlawick /
Janet H. Beavin /
Don D. Jackson
Menschliche Kommunikation
Formen, Störungen, Paradoxien

13., unveränd. Aufl. 2017,
324 Seiten,
€ 19,95 / CHF 26.90
ISBN 978-3-456-85745-9
Auch als eBook erhältlich

Fredrike P. Bannink
Lösungsfokussierte Fragen
Handbuch für die lösungsfokussierte Gesprächsführung

2015, 294 Seiten,
€ 36,95 / CHF 45.90
ISBN 978-3-8017-2635-5
Auch als eBook erhältlich

Lara de Bruin
365 Fragen für die lösungsorientierte Kommunikation in Organisationen
Ein Fragenfächer für Führungskräfte und Personalverantwortliche

2019, 62 Seiten, Kleinformat,
€ 16,95 / CHF 21.90
ISBN 978-3-8017-2928-8

Miriam Deubner-Böhme /
Uta Deppe-Schmitz
Coaching mit Ressourcenaktivierung
Ein Leitfaden für Coaches, Berater und Trainer

2018, 164 Seiten,
inkl. CD-ROM,
€ 34,95 / CHF 45.50
ISBN 978-3-8017-2790-1
Auch als eBook erhältlich

www.hogrefe.com

Feedbackregeln
(zum Umgang mit Rückmeldungen)

Rückmeldungen dienen dem Ziel, Mitarbeiter, Kollegen oder auch Vorgesetzte darüber zu informieren, wie ihr Handeln von anderen wahrgenommen, erlebt und/oder bewertet wird.

Voraussetzungen für die Entwicklung einer zuträglichen Feedbackkultur: Ein von Vertrauen und Offenheit geprägter zwischenmenschlicher Umgang. Ob das Feedback förderlich oder eher abträglich ist, hängt stark von der Art und Weise ab, wie es „rübergebracht" wird. Dazu gehört auch, dass Rückmeldungen mit dem Ziel der Verhaltensänderung oder -stabilisierung nur zu Bereichen gegeben werden sollten, die einer Veränderung prinzipiell zugänglich sind.

Empfehlungen für das Geben von Feedback:

- Verhaltensweisen und Handlungen sind lediglich zu beschreiben, Bewertungen – auch implizit – sollten unterbleiben.
- Rückmeldungen sind konkret auf abgrenzbares Verhalten in bestimmten Situationen zu beziehen – nicht auf die Person und deren Verhalten als Gesamtheit.
- Feedback sollte möglichst zeitnah zu den jeweiligen Wahrnehmungen und Empfindungen – nicht irgendwann später im Sinne einer „Abrechnung" – gegeben werden.
- Hilfreich ist zu beschreiben, welche Gefühle das Verhalten ausgelöst hat und wie es gewirkt hat (z. B. „Ich habe ... beobachtet, und das hat auf mich folgenden Eindruck gemacht: ..."). Pauschale Diagnosen wie „Ihnen fehlt es offenbar an Zivilcourage" oder „Sie haben sich wohl nicht im Griff" sind zu vermeiden.
- Formulierungen sollten umkehrbar sein, d. h. so wie man es auch dem Gesprächspartner (hierarchieübergreifend!) gern gestatten würde, zu formulieren.
- Adressaten bzw. Empfänger sind nach Möglichkeit direkt anzusprechen. Feedback sollte nicht über Dritte weitergegeben werden. (Man sollte nicht über andere reden, sondern verstärkt mit ihnen.)

Empfehlungen für das Entgegennehmen von Feedback:

- Hören Sie aufmerksam zu. Fragen Sie (ggf. mehrfach) nach und klären Sie, was für Sie noch nicht hinreichend deutlich geworden ist.
- Argumentieren Sie nicht sofort. Versuchen Sie nicht direkt, sich zu verteidigen bzw. zu rechtfertigen und die Gründe für Ihr eigenes Verhalten darzulegen.
- Nehmen Sie sich ausreichend Zeit, um in Ruhe über das Feedback nachzudenken.
- Teilen Sie dem anderen Ihre Gefühle (Unmut, Freude, Betroffenheit) mit, die die Rückmeldung bei Ihnen ausgelöst hat. Informieren Sie den Gesprächspartner – mit zeitlichem Abstand – darüber, welche Schlussfolgerungen bzw. Konsequenzen Sie daraus ziehen.

Aus Hossiep, Zens und Berndt: Mitarbeitergespräche © 2020 Hogrefe, Göttingen

Ablauf des Mitarbeitergesprächs

Vorbereitung des Mitarbeitergesprächs

Terminvereinbarung, sorgfältige Vorbereitung des MAGs
(Leitfaden, Gesprächsziele, Störungsfreiheit)

Durchführung des Mitarbeitergesprächs

Mitarbeitergespräch (mind. 60 Minuten empfohlen)
Redeanteil: ca. 60 % Mitarbeiter, 40 % Vorgesetzter

1. Kontaktaufnahme

Begrüßung und positiver Gesprächseinstieg

2. Informationsphase

Abgelaufene Periode: Rückschau auf Ergebnisse und Zusammenarbeit, ggf. erste Diskussion der Zielerreichung (z. B. Kennzahlen, Projekte, Verhalten, Entwicklung)

3. Argumentationsphase

Beurteilung der (Geschäfts-)Zielerreichung

Planung neuer Geschäftsziele

Planung neuer Verhaltens- und Entwicklungsziele

4. Beschlussphase

Vereinbarung neuer Geschäftsziele

Vereinbarung neuer Verhaltens-, Entwicklungs- und Teamziele

Schriftliche Fixierung der Vereinbarung und Austausch der Dokumente

Vereinbarung von Folgegesprächen/Zwischenzielkontrollen

5. Abschlussphase

Reflexion des Gesprächsverlaufes (ggf. schriftliche Dokumentation)

Gesprächsabschluss und Verabschiedung

Nachbereitung/Evaluation des Mitarbeitergesprächs

Aus Hossiep, Zens und Berndt: Mitarbeitergespräche © 2020 Hogrefe, Göttingen

Anregungen für das Mitarbeitergespräch

	Gesprächsverhalten: *zuträglich*	Gesprächsverhalten: *abträglich*
Zuhören	<ul><li>nicht sofort unterbrechen</li><li>nicht von sich erzählen</li><li>aussprechen lassen</li><li>erhaltene Informationen aufgreifen und ins Gespräch einfließen lassen</li></ul>	<ul><li>reden statt zuhören (von sich selbst erzählen)</li><li>unterbrechen</li><li>Ungeduld signalisieren</li><li>sich mit anderem parallel beschäftigen</li></ul>
Offene Fragen stellen	<ul><li>ermöglichen eine umfassende Antwort</li><li>„Ja"-,„Nein"-Antworten werden vermieden</li><li>bei Unklarheiten nachfragen, klären, konkret werden</li></ul>	<ul><li>kompliziert oder undeutlich fragen (Fremdworte/Fachjargon verwenden)</li><li>suggestive/rhetorische Fragestellung</li><li>auf eigene Fragen verzichten, nicht konkret werden</li><li>die gestellten Fragen selbst beantworten</li></ul>
Pausen aushalten	<ul><li>warten auf das, was nach der Pause kommt</li><li>dem anderen Zeit lassen, die Antwort zu formulieren</li><li>nicht abkürzen</li></ul>	<ul><li>„peinliches" Schweigen durch Einführung neuer Themen überbrücken</li><li>auch eigene Fragen sofort selbst beantworten</li><li>Vermutungen anstellen</li></ul>
Nicht zu früh Wertungen vornehmen	<ul><li>berücksichtigen, dass Wertungen von Aussagen sowohl mit bestimmten sprachlichen Formulierungen als auch durch die Stimmlage wie auch Mimik und Gestik zum Ausdruck gebracht werden können</li></ul>	<ul><li>Aussagen bezweifeln</li><li>geäußerte Gefühle und Werte zurückweisen</li><li>„weise Ratschläge" erteilen</li></ul>
Von der eigenen Meinung abweichende Aussagen zulassen	<ul><li>bedenken, dass durch Anhören der Meinung des anderen neue Informationen gewonnen werden können</li><li>Widerspruch ertragen</li></ul>	<ul><li>zu bestimmten Aussagen verführen</li><li>zu früh Lösungen anbieten</li><li>Druck auf den Gesprächspartner ausüben</li><li>sofort kontrovers diskutieren</li></ul>

Aus Hossiep, Zens und Berndt: Mitarbeitergespräche © 2020 Hogrefe, Göttingen

10 Gebote guten Zuhörens

1. *Sprechen Sie nicht selbst!*
   Während Sie sprechen, können Sie nicht zuhören.

2. *Schaffen Sie eine Atmosphäre, in der Ihr Gesprächspartner sich öffnen kann!*
   Verzichten Sie auf alles, was den anderen unter Druck setzen könnte.

3. *Machen Sie deutlich, dass Sie wirklich zuhören wollen!*
   Signalisieren Sie Interesse, fokussieren Sie sich auf das Zuhören und verkneifen Sie sich, sofort über Gegenargumente nachzudenken.

4. *Schalten Sie Ablenkungen und Störungen aus!*
   Kein Multitasking während des Gesprächs: Keine Unterlagen durchsehen, nicht auf Bildschirme, Displays oder Handys schauen

5. *Versetzen Sie sich in die Situation Ihres Gesprächspartners!*
   Versuchen Sie, seine Sichtweise einzunehmen und seinen Standpunkt zu verstehen.

6. *Seien Sie geduldig und nehmen Sie sich die nötige Zeit!*
   Vermeiden Sie Zeitdruck und planen Sie einen Zeitpuffer für zusätzlichen Gesprächsbedarf ein.

7. *Signalisieren Sie Bereitschaft, sich zurückzunehmen!*
   Kontrollieren Sie Ihre eigenen Impulse und Emotionen, auch Ärger oder Unmut.

8. *Vermeiden Sie Vorwürfe und überzogene Kritik!*
   Sie riskieren sonst eine Eskalation und/oder eine Blockadehaltung.

9. *Fragen Sie!*
   Stellen Sie öffnende Fragen, um Ihr Interesse zu verdeutlichen und damit den Gesprächspartner zu ermutigen.

10. *Sprechen Sie nicht selbst!*
    Wer nicht spricht, kann zuhören!

Aus Hossiep, Zens und Berndt: Mitarbeitergespräche © 2020 Hogrefe, Göttingen